KB044880

오늘부터
차박캠핑

장비 선택부터 추천 여행지까지
차박의 모든 것

홍유진 지음

시공사

2020년 9월, 『오늘부터 차박캠핑』이 처음으로 세상의 빛을 보았습니다. 감성 차박의 매력이 돋보이는 표지와 두 손에 딱 들어가는 크기로, 차박에 대해 A부터 Z까지 살뜰히 담아낸 대한민국 최초의 차박 전문서가 태어난 순간이었어요. 집필을 결정한 후 처음부터 끝까지 이전에는 출간된 적이 없던 새로운 여행법 '차박'만의 스토리를 담기 위해 고군분투한 시간이었습니다.

감사하게도 『오늘부터 차박캠핑』은 참으로 많은 사랑을 받았습니다. 그 사이 중쇄를 거듭해왔고, 출간한 지 1년 만에 개정판으로 새로이 독자 여러분을 만나게 되었으니까요. 요즘 같은 불경기에 무척 고무적인 일이 아닐 수 없습니다. 덕분에 저도 분주히 업데이트하느라 대한민국 전역을 제집처럼 드나들었습니다. 그러다 보니 한갓지고 아름다운 차박지들을 속속 발견하기도 했어요. 근사한 전망이 있는 차박지에서의 하룻밤은 그곳을 다시 찾아야 할 이유가 되었습니다. 쓰레기 무단 투기 문제로 오랜 캠핑 성지가 잇따라 폐쇄되어 탄식을 자아내는가 하면 마치 아이슬란드 어딘가에 와 있는 듯 이국적이고 싱그러운 분위기가 매력적인 곳이 사람들의 발길을 끌어당기고 있었어요. 거기에 폭발적으로 늘어난 차박 인구가 관련 시장을 빠르게 성장시키면서 필요한 건 직접 만들어 써야 했던 이전과는 달리, 기발함이 돋보이는 아이디어와 가성비 좋은 차박용품들을 손쉽게 구할 수 있게 된 요즘입니다. 이제는 SUV 차량뿐만 아니라 저와 같은 경·소형 승용차로도 차박을 즐기는 사람들을 흔히 볼 수 있더라고요.

힘들고 고된 작업이었지만 최선을 다해 꼼꼼하게 썼습니다. 지난 4월, 업데이트하였으나 그사이 바뀐 정보들이 적지 않아 수정 작업을 해야 했고, 새로운 원고를 기획하고 관련 장소를 모아 취재했더라도 변별력이 떨어지는 곳은 가차 없이 제외하는 일련의 과정을 통해 정보가 훨씬 풍성해졌어요. 차박의 아름다운 순간을 함께 공유하고 싶어 정보

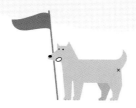

업데이트는 물론 필요에 따라 기존의 내용을 재배치함으로써 더욱더 알찬 구성으로 보기 쉽게 업그레이드하기도 했고요.

차박이 비대면 여행의 대명사로 떠오른 이유는 바로 그만의 특별한 여행 방식 때문이지요. 오직 나와 내가 사랑하는 사람들만 존재하며, 갑갑한 도시에서 벗어나 오롯이 자연 속에서 머물고 숨 쉴 수 있으니까요. 사람들이 북적거리는 관광지보다 한적하고 조용한 공간을 발견하고 추억을 쌓는 것, 눈으로 보는 여행보다 몸으로 기억하는 여행입니다. 혼자라도 걱정 없다죠. 어쩌면 나 홀로 혹은 둘이 떠나기 최적화된 여행 방식일지도 모르겠습니다. '혼여'나 '솔캠'이 유행하면서 나만의 여행을 꿈꾸지만, 선뜻 나서지 못했다면 차박이 답이 될 수 있습니다. 견고하면서도 가장 사적인 나만의 공간에서 낯선 도시를 유랑하는 재미는 안 해본 사람은 결코 알 수 없는 행복입니다. 아직 망설이고 있다면 행복해지는 시간만 늦출 뿐. 이젠 도전해보세요. 올해가 다 가기 전에 말이죠. 『오늘부터 차박캠핑』 한 권 들고서 '오늘부터 차린이'가 되어보면 어떨까요.

끝으로 언제 어디서나 지원 사격을 아끼지 않는 '츤데레' 옆지기 한번, 아빠, 엄마 감사합니다. 겨울이(반려견)와 함께한 차박의 추억을 예쁘게 담아준 시아모스냅 고작가, 이 책을 위해 보이지 않는 곳에서 궂은일 마다 않고 물심양면 도움을 준 선주, 차박이란 신세계를 알려준 혜경이 외 대한여행작가협회, 순수차박밴드, 홍유진TV 구독자 여러분 고맙습니다. 초심을 잃지 않고 마지막까지 애써주신 시공사 홍은선 편집자님과 관계자분들께 감사의 마음을 전합니다.

2021년 여름의 끝자락, 작업실에서
홍유진

CONTENTS

프롤로그   4
PREVIEW 꽃비 내리는 꽃길 차박   10
PREVIEW 코발트빛 바다 전망 차박   12
PREVIEW 구름 속 산책 운중 차박   14
PREVIEW 밤하늘을 이불 삼아 은하수 아래 차박   16

차박 베스트 코스

인생 첫 차박 1박2일   20
일 마치고 떠나는 퇴근박 1박 2일   21
가족과 함께 주말 차박 2박 3일   22
연인과 함께 로맨틱 차박 2박 3일   23
나 홀로 떠나는 감성 차박 2박 3일   24
겨울 눈꽃 낭만 차박 1박 2일   26
여름휴가 차박 2박 3일   27
동해안 7번 국도 차박 코스 7일   28
서해안 드라이브 차박 코스 7일   30
제주도 핵심 차박 코스 7일   32
SPECIAL 취향 따라 떠나는 차박여행   34

차박캠핑 전에 알아야 할 것들

차박이 대세라고요?   38

차박이 더 즐거워지는 여행법   41

● THEME   차박 낭만 메이커 ㅣ 슬기로운 취미생활

신나는 액티비티 ㅣ 유유자적 힐링여행

SPECIAL 대한민국 지역 대표 축제 캘린더   56

차박 용어 알아보기   58

차박에 유리한 차종   62

나에게 맞는 차박 스타일 찾기   66

차박 스타일별 기초 가이드   68

차박 장비 구입 노하우   74

예산에 따른 추천 장비   77

SPECIAL 추천! 고급 장비 리스트   81

일정에 따른 예산 잡기   82

차박 장비 선택 가이드   86

● THEME 기초 공사 ㅣ 휴식 ㅣ 요리 ㅣ 청결과 안전 ㅣ 감성 충전

차박캠핑 실전편

실전 차박 Q&A	106
SPECIAL 양날의 검, 파워뱅크의 모든 것!	110
차박 가서 뭐 먹지?	112
차박 장소 선택 노하우	118
나만의 은밀한 차박지 찾기	122
입문자를 위한 1박 2일 차박 루틴	124
대한민국 차박 성지 베스트 10	126
계절별 베스트 차박 성지	130
SPECIAL 드라이브하기 좋은 길	132

차박이 더 즐거워지는 여행지

AREA 1 서울/경기권   136

SPECIAL 반려동물과 함께하는 차박여행의 모든 것   178

AREA 2 강원권   182

AREA 3 충청권   206

AREA 4 호남권   218

AREA 5 영남권   238

SPECIAL 제주도 차박여행 가이드   258

AREA 6 제주도   262

차박캠핑 주의사항

차박 시 주의할 점   288

반드시 지켜야 할 차박 매너   290

안전을 위한 차량 점검   292

부록 차박캠핑족 생생 인터뷰   294

부록 대한민국 오토캠핑장 리스트   296

꽃비 내리는 꽃길 차박

광양 매화마을
떠오르는 일출과 함께 광활한 핑크빛
꽃동산을 한눈에 담는 황홀경을 맛볼 수
있다. 운이 좋으면 달 없는 맑은 날,
별 총총 은하수도 함께 만날 수 있는 곳

진해 드림로드
핑크, 핫핑크, 베이비핑크 등 다채로운
분홍빛 향연을 만날 수 있는 곳. 벚꽃으로
유명한 진해의 '언택트 벚꽃 여행지'로
주목받고 있다.

구례 산수유마을
샛노란 산수유가 마을 전역에 흩어져 축제
같은 시간이 펼쳐진다. 감성 가득한 돌담
위로 내려앉은 산수유를 만끽하며 산책을
즐겨보자.

코발트빛 바다 전망 차박

제주 금능해수욕장
에메랄드로 시작해
코발트로 빛나는 다채로운
색감의 카리브해 물빛을
닮은 이국적인 해변.
바다 전망 가능한 자리는
경쟁이 치열하다.

포항 도구해수욕장
야자수 드리워진 해변, 하얗게 부서지는 파도가 와이키키
해변인 듯 착각을 불러일으킨다. 인스타그램에 올릴 만한
포토 존으로 유명해 주말엔 자리 선점이 어렵다.

신안 오도선착장
광활하게 펼쳐진 바다와 함께 엄청난 규모의 천사대교를
한눈에 만나는 곳. 한여름에도 시원한 차박을 즐길 수 있고
휴게소까지 마련되어 있어 편리함까지 잡았다.

구름 속 산책 **운중 차박**

단양 양방산전망대
발아래로 펼쳐지는 구름이 손에 잡힐 듯 몽환적이다.
전망대에서 바라보는 일몰과 굽이치는 단양강에
둘러싸인 단양 시내 야경도 놓치지 말자.

임실 국사봉전망대
구름의 바다 위로 떠오르는 일출이 압권이다. 황금빛으로
찬란하게 물든 하늘 아래 느리게 넘실대는 운해의 모습은
대한민국 최고의 절경으로 손색이 없다.

군위 화산산성전망대
군위댐과 댐을 둘러싼 나지막한 산들을 폭신하게 덮으며
흐르는 운해가 근사하다. 일출과 일몰은 물론 별이
쏟아지는 밤을 만끽할 수 있는 곳.

강릉 안반데기
대한민국 은하수 성지로, 접근성이 좋아 방문객이
가장 많은 곳이다. 멍에전망대, 일출전망대 등
은하수 전망 포인트도 다양하다.

밤하늘을 이불 삼아 **은하수 아래 차박**

제천 덕주산성
고즈넉한 산성과 돌탑을 배경으로 만나는
은하수는 더욱 특별하다. 산성 위 까만 하늘
한가운데 동그랗게 그려낸 별 궤적, 북천일주도
담을 수 있다.

고성 울산바위
장엄한 울산바위 뒤로 흐르는 은하수가 매력적이다. 감상
포인트는 미시령옛길에 자리하고 있으며 주차 후 도보
5분 정도 소요된다.

차   박
베스트   코스

인생 첫 차박 1박 2일

무엇이든 시작이 중요한 법. 첫 경험은 앞으로의 향방을 좌우한다.
시작은 가볍게, 감동은 찐하게 만들어줄 강릉으로 떠나보자.

첫째날

강릉 이동

경포대
일몰 감상

저녁 식사

일출 감상 후
아침 식사

둘째날

TIP

순긋해변
차박

순긋해변은 야영과 취사 금지 구역이다. 확장 텐
트 및 차 밖으로 테이블 등의 부속물을 설치하
지 않는 조건의 '스텔스 모드' 차박만 가능하다.

사천해변
이동 후 산책

헌화로
해안 드라이브

점심 식사 후
귀가

일 마치고 떠나는 퇴근박 1박 2일

일상에서 훌쩍 떠나고 싶을 때 힘차게 액셀을 밟고 도심에서 벗어나 탁 트인
자연과 만나보자. 수도권 출발 시에도 부담 없는 거리, 당진으로 Go!

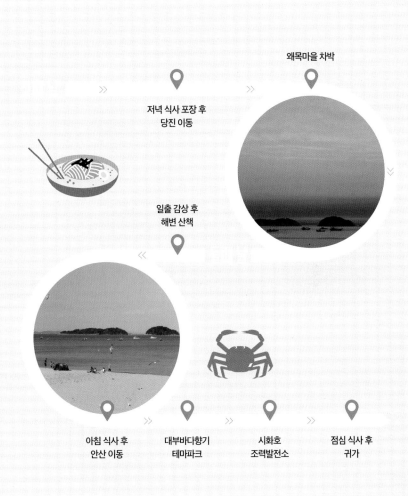

왜목마을 차박

저녁 식사 포장 후
당진 이동

일출 감상 후
해변 산책

아침 식사 후   대부바다향기   시화호   점심 식사 후
안산 이동   테마파크   조력발전소   귀가

가족과 함께 주말 차박 **2박 3일**

오로지 우리 가족에게만 집중하는 여행. 먹거리, 볼거리, 즐길 거리가 풍부한 인천은
가족여행의 성지다. 함께 놀고 걷고 장난치며 신나는 추억을 만들어보자.

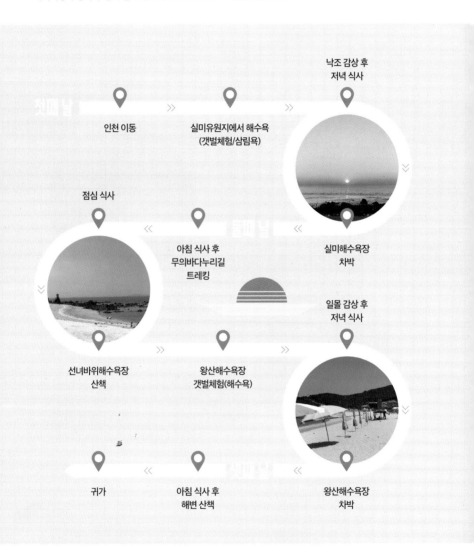

낙조 감상 후
저녁 식사

첫째날

인천 이동
실미유원지에서 해수욕
(갯벌체험/삼림욕)

점심 식사

아침 식사 후
무의바다누리길
트레킹

둘째날

실미해수욕장
차박

선녀바위해수욕장
산책

왕산해수욕장
갯벌체험(해수욕)

일몰 감상 후
저녁 식사

귀가

아침 식사 후
해변 산책

셋째날

왕산해수욕장
차박

연인과 함께 로맨틱 차박 **2박 3일**

사랑의 밀도를 높여줄 감성여행. 웅장하고 화려하기보다 빛이 아름답고 풍경이
사랑스러운 충주가 정답이다. 어디에서든 로맨틱한 커플 사진을 남길 수 있다.

목계솔밭 차박

충주 이동 ≫ 비내섬에서
낭만 피크닉(점심) ≫

목계나루에서
커플 사진 촬영

아침 식사 후
이동

TIP

비내섬은 야영과 취사 금지구역이다. 피크닉에
어울리는 도시락을 준비하면 사랑도 낭만도 Up!

저녁 식사

점심 식사 ≫ 수주팔봉
구름다리 산책 ≫

귀가 ≪ 아침 식사 후
달천 변 산책 ≪ 수주팔봉
차박

나 홀로 떠나는 감성 차박 2박 3일

밤하늘에 빛나는 우윳빛 은하수를 찾아 떠나볼까? 하늘과 맞닿은 곳에서 별빛의 향연이 펼쳐지는 곳, 바로 평창과 강릉이다. 차 안에 누워 오직 나만의 별밤을 누려보자.

육백마지기
차박

첫째날

저녁 식사 포장 후
평창 이동

일출 감상

둘째날

아침 식사 후
평창바위공원 산책

점심 식사 후
강릉 이동

TIP

- 은하수는 통상 3월에서 9월 사이, 달이 없는 맑은 날 밤에 만나기 쉽다.
- 육백마지기와 안반데기는 야영과 취사 금지 구역이다. 확장 텐트 및 차 밖으로 테이블 등의 부속물을 설치하지 않는 조건의 '스텔스 모드' 차박만 가능하다.
- 식사는 평창 혹은 강릉 시내에서 해결하거나 도시락을 포장해가는 것도 추천한다.

우윳빛 은하수
만나기

일몰 감상 후
저녁 식사

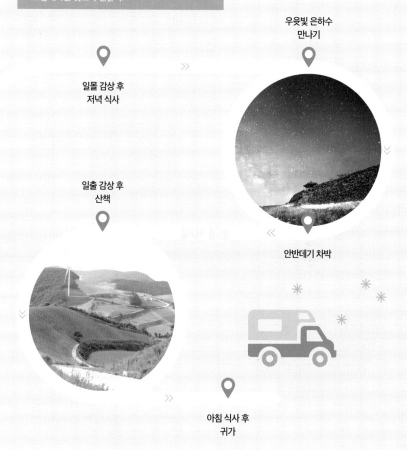

일출 감상 후
산책

안반데기 차박

아침 식사 후
귀가

겨울 눈꽃 낭만 차박 1박 2일

진짜 겨울 왕국을 향하여! 평창과 횡성은 겨울이 특히 아름다운 곳이다.
흔히 보기 어려운 눈꽃과 눈부시게 하얀 언덕은 이국적인 매력이 넘친다.

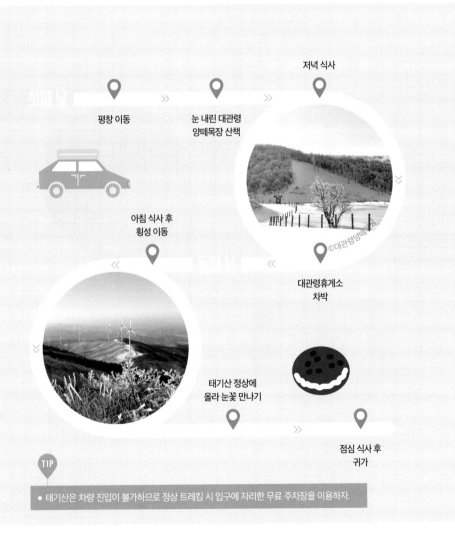

첫째 날

평창 이동 ≫ 눈 내린 대관령 양떼목장 산책 ≫ 저녁 식사

아침 식사 후 횡성 이동

대관령휴게소 차박

©대관령양떼목장

둘째 날

태기산 정상에 올라 눈꽃 만나기 ≫ 점심 식사 후 귀가

TIP
● 태기산은 차량 진입이 불가하므로 정상 트레킹 시 입구에 자리한 무료 주차장을 이용하자.

여름휴가 차박 **2박 3일**

지나치게 분주한 해변은 No! 비교적 사람이 적은 고성에서 무더위에 지친
몸과 마음을 충분히 풀어주며 여름휴가를 즐겨보면 어떨까?

TIP

송지호해수욕장 주차장 차박
불가 시 송지호쉼터 혹은 송
지호오토캠핑장을 이용하자.

저녁 식사

강원도 고성
이동

》》

송지호해수욕장에서
서핑(해수욕)

》》

아침 식사 후
속초 이동

송지호 둘레길
트레킹

《《

송지호해수욕장
주차장에서 차박

영금정
산책 및 낚시

》》

점심 식사

》》

속초해수욕장
해수욕(서핑)

》》

저녁 식사

아침 식사 후
귀가

《《

일출 감상 후
외옹치바다향기로
산책

《《

속초해수욕장
차박

27

동해안 7번 국도 차박 코스 7일

맑고 투명한 동쪽 바다를 따라 남쪽에서 북쪽으로 올라가는 코스다. 동해안 인기 바다를
알차게 둘러보고, 전망이 예쁘고 한갓진 바다에서 차박의 여유를 만끽해보자.

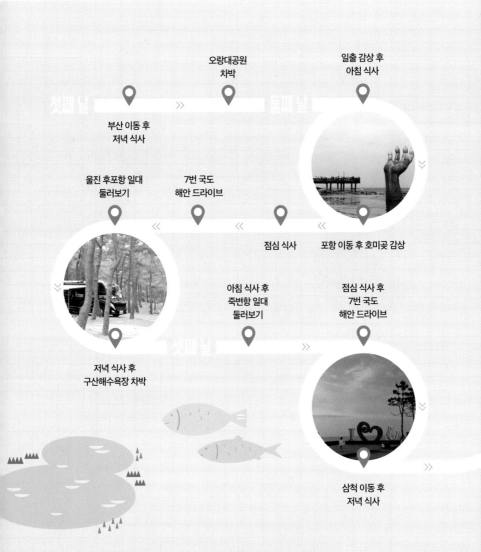

오랑대공원
차박

일출 감상 후
아침 식사

첫째 날 》 둘째 날

부산 이동 후
저녁 식사

울진 후포항 일대
둘러보기

7번 국도
해안 드라이브

《 《 《

점심 식사

포항 이동 후 호미곶 감상

아침 식사 후
죽변항 일대
둘러보기

점심 식사 후
7번 국도
해안 드라이브

셋째 날 》

저녁 식사 후
구산해수욕장 차박

삼척 이동 후
저녁 식사

삼척해수욕장,
추암촛대바위

맹방해수욕장
차박

일출 감상 후
해변 산책

아침 식사

정동진해수욕장,
경포대

강릉 헌화로
드라이브

점심 식사

7번 국도
해안 드라이브

저녁 식사 후
순긋해변 차박

아침 식사 후
사천해변 산책

설악해수욕장
차박

저녁 식사

낙산해수욕장,
남대천연어생태공원,
설악해맞이공원

점심 식사

일출 감상 후
아침 식사

외옹치
바다향기로 산책

속초해수욕장,
영금정,
대포항 둘러보기

점심 식사

고성 건봉사,
송지호해수욕장
산책 후 저녁 식사

점심 식사 후
귀가

송지호 둘레길
트레킹

일출 감상 후
아침 식사

송지호해수욕장
주차장에서 차박

TIP

송지호쉼터 혹은 송지호
오토캠핑장 이용 가능

29

서해안 드라이브 차박 코스 **7일**

대한민국 국가대표급 낙조를 찾아 남쪽에서 북쪽으로 올라가는 코스. 시작점을 거꾸로 잡아도 된다.
서해안 차박지는 갯벌체험이 가능하고 솔숲이 있는 해변으로 결정!

일몰 감상 후
저녁 식사

톱머리해수욕장
차박

첫째날

무안 이동

조금나루유원지,
돌머리해수욕장

해변 산책 후
아침 식사

둘째날

영광 이동.
일몰 감상 후 저녁 식사

백바위해수욕장
차박

점심 식사 후
무안황토갯벌랜드

백수해안도로
드라이브 후 점심 식사

해변 산책 후 아침 식사

셋째날

백제불교최초도래지,
구시포해수욕장

부안 이동.
일몰 감상 후 저녁 식사

모항해수욕장 차박　　　　　해변 산책 후 아침 식사　　　　내소사 둘러보기

TIP
변산마실길 졸음 쉼터(모항 방면) 차박 가능

운여해변 차박　　　　　　　태안 이동

TIP
3~9월 사이, 달이 없는 맑은
날에는 은하수를 만날 수 있다.

일몰 감상 후
저녁 식사

점심 식사 후
채석강 산책

서산 삼길포항 이동
& 맛집 탐방

해변 산책 후
아침 식사

신두리해안사구,
신두리해수욕장 산책

일출 감상 후
해변 산책

왜목마을 차박

당진 이동.
일몰 감상 후 저녁 식사

아침 식사 후
인천 이동

무의바다누리길
트레킹

점심 식사 후
실미유원지 갯벌체험

낙조 감상 후
저녁 식사

선녀바위해수욕장
방문 후 귀가

해변 산책 후
아침 식사

실미해수욕장
차박

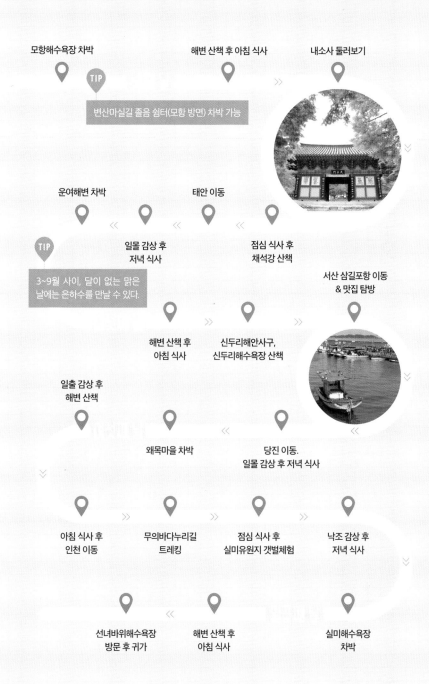

제주도 핵심 차박 코스 **7일**

제주 차박여행의 로망을 실현해줄 핵심 포인트만 콕 집어 둘러본다. 무료 야영지가 있는 금능,
함덕, 이호테우해수욕장에서 즐기는 제주도 푸른 밤!

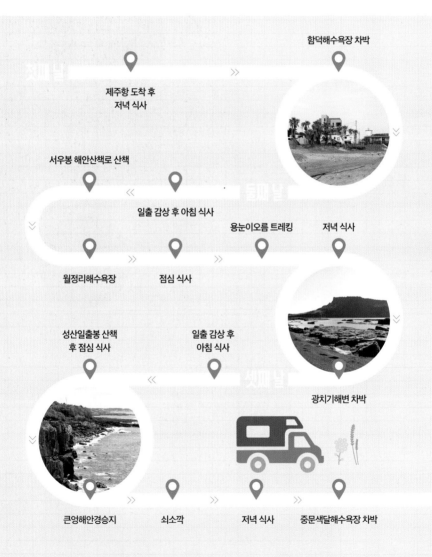

첫째날

제주항 도착 후
저녁 식사

함덕해수욕장 차박

서우봉 해안산책로 산책

일출 감상 후 아침 식사

둘째날

용눈이오름 트레킹

저녁 식사

월정리해수욕장

점심 식사

성산일출봉 산책
후 점심 식사

일출 감상 후
아침 식사

셋째날

광치기해변 차박

큰엉해안경승지

쇠소깍

저녁 식사

중문색달해수욕장 차박

기상 후 아침 식사

송악산 둘레길 산책

점심 식사 후
수월봉전망대

기상 후
아침 식사

저녁 식사 후
싱계물공원 차박

신창~용수
해안도로 드라이브

점심 식사

월령선인장군락지

해오름전망대

금능해수욕장
차박

일몰 감상 후
저녁 식사

새별오름
트레킹

점심 식사 후
한담해안산책로로 산책

기상 후
아침 식사

제주항 출발

기상 후 아침 식사

저녁 식사 후
이호테우해수욕장 차박

빵지순례

SPECIAL
취향 따라 떠나는 차박여행

차박여행의 테마는 취향에 따라 무궁무진하게 달라진다. 평소 자신의
관심사에 차박을 더하면 끝! '빵순이'라면 빵지순례, 꽃을 좋아한다면
꽃지순례, 미식가라면 맛집순례 코스를 짜보자.
개성이 듬뿍 묻어난 나만의 차박 지도를 만들 수 있다.

천안 뚜쥬루 ▶
거북이빵

대전 성심당 ▶
튀김소보로, 부추빵

군산 이성당 ▶
단팥빵

전주 풍년제과 ▶
초코파이

남원 명문제과 ▶
생크림슈보루, 꿀아몬드

광주 궁전제과 ▶
나비파이, 공룡알

목포 코롬방제과점 ▶
새우바게트, 크림치즈바게트

진주 수복빵집 ▶
찐빵

마산 고려당 ▶
꿀빵

전통시장

속초
중앙시장

마산 코아양과 ▶
옥수수식빵, 밀크셰이크

동해
북평오일장

정선
오일장

부산 비엔씨(B&C) ▶
사라다빵, 파이만주

부산
국제시장,
부평깡통시장

부산 옵스(OPS) ▶
학원전, 명란바게트, 슈크림

하동
화개장터

부산 남포동 ▶
씨앗호떡

전주
남부시장

안동 맘모스베이커리 ▶
크림치즈빵, 유자파운드

제주
제주오일장

34

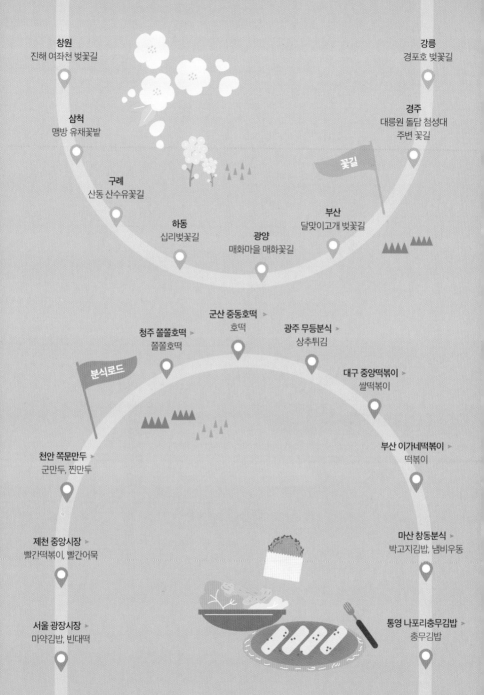

창원
진해 여좌천 벚꽃길

강릉
경포호 벚꽃길

삼척
맹방 유채꽃밭

경주
대릉원 돌담 첨성대
주변 꽃길

꽃길

구례
산동 산수유꽃길

하동
십리벚꽃길

광양
매화마을 매화꽃길

부산
달맞이고개 벚꽃길

군산 중동호떡 ▶
호떡

청주 쯸쯸호떡 ▶
쯸쯸호떡

광주 무등분식 ▶
상추튀김

분식로드

대구 중앙떡볶이 ▶
쌀떡볶이

천안 쪽문만두 ▶
군만두, 찐만두

부산 이가네떡볶이 ▶
떡볶이

제천 중앙시장 ▶
빨간떡볶이, 빨간어묵

마산 창동분식 ▶
박고지김밥, 냄비우동

서울 광장시장 ▶
마약김밥, 빈대떡

통영 나포리충무김밥 ▶
충무김밥

Chapter
2

차박캠핑 전에
알아야 할 것들

차박이 대세라고요?!

파도 소리, 풀벌레 소리, 낮게 스며드는 달빛을 바로 옆에서 느낄 수 있는, 캠핑은 낭만이다. 하지만 캠핑을 즐기기 위해선 대가를 치러야 한다. 트렁크 안에다 한가득 준비해야 하는 짐과 매번 텐트를 치고 접는 일도 여간 수고로운 게 아니다. 낭만은 좋지만 번거로움은 사양이다, 가볍게 떠나 힐링하며 추억을 쌓고 싶다! 차 한 대에서 숙식을 해결하는 '차박'이 대세가 된 이유다.

시간도 장소도 자유자재

여행 경험이 늘어남에 따라 사람들은 유명 관광지를 피해 덜 알려지거나 조용하게 보낼 수 있는 나만의 장소를 선호하게 되었다. 차박이 이상적인 까닭은 바로 여기에 있다. 전국 방방곡곡을 돌아다니다 어디든 원하는 곳에서, 원하는 만큼 머물 수 있으니까. 호텔 체크인, 체크아웃 시간에 얽매일 필요도 없다. 마음에 드는 여행지인데 마땅한 숙소를 찾을 수 없어 전전긍긍할 일도, 혼자 떠난 여행에 비합리적인 숙소 비용을 치러야 할 필요도 없다. 이런 이들에게 가족이나 연인끼리, 혹은 나 홀로 오붓하게 여가를 즐길 수 있다는 점은 확실히 매력적이다.

언제든 떠날 수 있는 기동성

준비가 필요한 여행은 피로하다. 이것저것 챙겨야 할 것들이 산더미라면 출발하기 전부터 지친다. 예약하지 않으면 자리를 확보하기 어려운 캠핑장은 또 어떻고! 그렇다고 캠핑카를 사자니 비용이 만만치 않은 데다 주차나 유지 관리도 부담이다. 어디 한번 가려면 생각해야 할 게 왜 이다지도 많은지…. 하지만 자신의 자동차로 즐기는 차박이라면 문제는 달라진다. 언제든 훌쩍 떠나고 싶을 때 떠났다가 돌아오기를 반복해도 부담스럽지 않다. 생각과 동시에 움직일 수 있는 기동성 하나만으로도 차박을 해야 할 이유는 충분하다.

안락한 공간에서의 편안한 수면

바다 전망이 아무리 좋아도 고요한 밤, 지나치게 큰 파도 소리는 불면증만 더할 뿐이다. 여행지에서는 숙면이 중요하다. 캠핑이라면 편안한 수면을 방해하는 주변의 빛과 소음에서 자유로울 수 없다. 눈이나 비, 바람 부는 궂은 날씨라면 문제는 더 심각하다. 텐트를 걷고 철수해야 하는 상황에 이르기도 한다. 그러나 자동차는 이러한 점들을 상쇄시킨다. 되레 낭만으로 승화하기까지 한다. 차 안에서 듣는 빗소리, 사라락사라락 눈 소리가 얼마나 근사한지 들어본 사람은 안다. 그래서 차박 마니아들은 일부러 눈과 비를 찾아 '설중 차박', '우중 차박'을 즐기러 떠난다. 내 취향으로 꾸민 나만의 공간에서 누리는 차박의 또 다른 묘미다.

자연과 가까운 길 위의 내 집

나들이 삼아 집을 나섰다가 돌아가기 싫을 만큼 근사한 곳을 만났을 때, 그 자리에 차를 세우면 거기가 바로 내 집이 된다. 은행나무 숲 한가운데 펼쳐진 거실, 해발 1,100m 산 정상의 내 방을 상상해보라. 창을 열면 숲 속의 작은 새가 감미롭게 지저귀고 하늘에 떠오르는 커다란 태양을 내 차 안에 누워 안락하게 감상한다면 어떨까. 상쾌한 풀잎 향기와 막 내린 뜨거운 에스프레소 한잔과 함께 아침을 맞으면서. 이런 럭셔리한 아침도 차박러들에겐 일상이라는 사실!

숙박비 0원의 경제성

숙박비는 여행 예산을 잡을 때 가장 큰 비중을 차지하는 주범이다. 아무리 알뜰하게 예산을 잡아도 한계가 생긴다. 그렇게 좋은 숙소가 아니어도 하룻밤 잠만 자는 데 최소 5만 원에서 10여 만 원이 흔적 없이 사라지기 일쑤다. 그 돈이면 두 명이 두 끼는 넉넉히 해결할 수 있고 4인 가족 외식비가 될 수도 있겠다. 물론 차박이라면 걱정 없다. 내 차에서 잠을 자니 숙박비 0원! 더 잘 먹고 잘 노는 데 비용을 쓰니 여행의 밀도가 높아지는 건 당연한 이야기다.

=== CHECK POINT ===

정말?! 아무 데서나 차를 세우고 야영해도 된다고?

결론부터 말하자면, 아니다. 법에 따라 전국의 도립·시립·군립공원과 국립공원, 국유림임도, 사유지, 해안 방파제에서는 야영을 할 수 없다. 휴게소나 주차장에서 스텔스 모드로 차박을 하더라도 불을 사용해 취사하는 행위는 불법이다. 초보자에겐 이 책에 소개된 장소와 공중화장실이 마련된 해수욕장을 선택하는 게 무난하다.

차박이
더 즐거워지는
여행법

차박은 자연 속에서 여가를 즐길 수 있어 그 자체로 훌륭한
여행이다. 평범한 일상에서 벗어나 아무것도 하지 않고 나무 그늘
아래에서 근사한 해변을 바라보며 시간을 보내는 일은 힐링이다.
하지만 나만의 취향이 담긴 특별한 추억을 만들기엔 어쩐지 조금
부족하다. 그래서 준비했다. 여행의 밀도를 높여줄 테마 여행!

자연이 주는 선물, 일출과 일몰

칠흑 같은 어둠을 뚫고 희망차게 떠오르는 태양은 신비 그 자체다. 황금과 진한 핑크를 섞어 놓은 듯 놀라운 색감의 일몰은 날이 좋으면 좋은 대로 흐리면 흐린 대로 그만의 특별한 풍경을 선사한다. 무엇보다 별다른 준비 없이도 누구나 편안하게 즐길 수 있다는 게 장점이다. 계절에 따른 일출 및 일몰 시각 정도는 미리 확인해두는 것이 좋다.

일출이 아름다운 곳
소래습지생태공원(P.156) | 두물머리(P.166) | 수룻개바위(P.192) | 추암촛대바위(P.204) | 왜목마을(P.213) | 성산일출봉(P.277)

일몰이 아름다운 곳
마시안해변(P.152) | 탄도항(P.157) | 팔당물안개공원(P.164) | 왜목마을(P.213) | 금능해수욕장(P.263) | 사라봉공원(P.285)

나랑 별 보러 가지 않을래?

모래알은 질색하면서도 사막여행을 마다하지 않을 만큼 나는 밤하늘의 별을 사랑한다. 차박에 빠져 버린 것도 별 때문이었다. 모두가 잠든 한밤중에 나와야만 비로소 별과 만날 수 있으니까. 은하수를 만날 수도 있겠다. 은하수는 계절에 따라 다르지만 보통 해가 떨어진 한밤중부터 볼 수 있고 해뜨기 전에 사라진다. 광해가 없고 구름이 적은 날에 잘 보인다. 천문우주지식정보 사이트(astro.kasi.re.kr) 와 스타 워크 2, 달의 위상 등의 애플리케이션에서 자세한 정보를 얻을 수 있다.

별 보러 가기 좋은 곳	태기산전망대(P.184) ㅣ 용담섬바위(P.219) ㅣ 오도산전망대(P.243) ㅣ 안반데기(P.202) ㅣ 운여해변(P.217) ㅣ 황매산(P.244)
은하수 보러 가기 좋은 곳	태기산전망대(P.184) ㅣ 육백마지기(P.188) ㅣ 선자령 풍차길(P.191) ㅣ 안반데기(P.202) ㅣ 운여해변(P.217) ㅣ 한우산(P.247)
계절별 은하수 보기 좋은 시간	3~4월 새벽 03:00:05:00 ㅣ 5~6월 24:00~02:00 ㅣ 7~8월 20:00~23:00 ㅣ 9~10월 18:00부터 관측 가능한 고도에 오르며 실제 관측은 해가 완전히 떨어진 후 가능

오늘부터 나도 포토그래퍼

기억하고 싶은 순간을 기록하고픈 마음은 비단 작가만이 아니다. 여행은 기록의 욕구를 자극한다. 그래서 우리는 아름다운 자연은 물론이고 누군가와 함께한 순간들을 담기 위해 셔터를 누른다. 스마트폰에 고이 간직한 여행의 기록들은 일상을 버티는 힘이 되어주곤 한다. 카메라가 있다면 금상첨화. 스마트폰에서 흉내 낼 수 없는 근사한 결과물을 만들어줄 것이다. 카메라 사용에 익숙지 않다면 기초만이라도 배워보자. 기본 기능만 익혀도 놀라울 만큼 멋진 사진을 찍을 수 있다.

인생 사진 찍기　　어섬비행장(P.162) | 고삼저수지(P.175) | 육백마지기(P.188) | 쇠머리오름(P.281)
좋은 곳

═══ (**CHECK POINT**) ═══

계절별 추천 출사 포인트

● **봄(봄꽃)**
제주 녹산로 | 진해 여좌천 | 경주 보문정 | 경주 역사유적지구 | 양산 통도사 | 밀양 위양지 | 화순 세량제 | 합천 오도산

● **여름(해무)**
인천 영종도 | 부산 해운대(오륙도, 마린시티, 광안대교) | 안동 월영교

● **가을(운해*물안개)**
청도 팔조령 | 합천 오도산 | 옥천 용암사 | 천안 흑성산(KBS흑성산중계소)*청송 주산지

● **겨울(일출*상고대)**
경주 문무대왕릉 | 울산 강양항 | 포항 구룡포*춘천 소양강 | 여주 신륵사 | 무주 덕유산

하늘을 가르는 쾌감, 드론

드론은 무선 전파로 조종하는 무인 비행기다. 조그마한 장난감용부터 전문가용 프리미엄 드론까지 다양하게 나온다. 최근 연예인들의 취미로 부상하면서 대중들의 관심도 높아졌다. 도심 대부분은 비행 금지 구역이지만 자연 속으로 떠나는 차박여행자들에겐 먼 이야기. 시원하게 하늘을 가르며 날아다니는 드론을 내 마음대로 조종하고 사진이나 영상에 담을 수도 있다. 비행 금지 구역은 애플리케이션 레디 투 플라이Ready to Fly로 확인 가능하다.

손맛 한번 느껴볼까?

원래 차박은 낚시꾼의 문화다. 지금처럼 차박 붐이 일어나기 한참 전부터 낚시인들은 차박을 해 왔다. 보다 자유로운 낚시를 위해서다. 출조지를 정하고 필요한 물품을 챙겨 대물과의 한판 승부 를 상상한다. 대물을 걸었을 때의 손맛은 무엇을 상상하든 그 이상이다. 일반인들은 쉽게 먹을 수 없는 싱싱한 생선회는 덤이다. 자연산 회를 그 자리에서 툭툭 쳐내고, 기름으로 바싹하게 튀겨낸 생선튀김과 술상을 만들면 그곳이 바로 지상 천국!

낚시하기 좋은 곳   삼길포항(P.214) | 고삼저수지(P.175) | 벌천포해수욕장(P.215) | 톱머리해수욕장 (P.230) | 자구내포구(P.266)

=> CHECK POINT <=

낚시 안전 대책

- 궂은 날씨와 싸우지 말기
- 출입 금지 구역 들어가지 않기
- 테트라포드(사방으로 발이 나와 있는 콘크리트 블록)는 표면이 미끄러워 빠지기 쉬우므로 반드시 미끄럼 방지 기능이 있는 신발을 착용하고, 뛰거나 점프 등의 행위는 일체 삼가기
- 갯바위에서는 물때 시간 알람을 잘 맞추고 수시로 주변 상황을 살피며 대피 방송을 무시하지 말 것
- 주변 사람에게 행선지와 일정 공유하기
- 2인 이상 동행하기
- 사고 발생 시 즉시 119에 신고하기

가족여행의 대명사, 갯벌체험

🌲🌲

썰물 때 바닷물이 빠지면서 드러나는 갯벌은 바다 생물의 보고이자, 갯벌체험은 서해를 제대로 즐기는 방법이다. 드넓게 펼쳐진 갯벌에서 바지락, 맛, 굴, 게, 다슬기, 낙지 등 여러 가지 연안 서식 생물들을 직접 만나고 채집하는 것은 어른 아이 할 것 없이 좋아한다. 안전을 위한 물때 확인 (www.badatime.com)은 필수! 호미, 면장갑, 장화, 양동이와 햇볕에 그을리지 않게 피부를 보호해 줄 긴바지, 긴팔 옷, 챙 넓은 모자를 준비하자.

갯벌체험하기
좋은 곳
동막해수욕장(P.147) | 강화갯벌센터(P.148) | 민머루해수욕장(P.148) | 왕산해수욕장(P.150) | 마시안해변(P.152) | 실미유원지(P.153) | 소무의도(P.154) | 소래습지생태공원(P.156) | 제부도갯벌체험장(P.163) | 벌천포해수욕장(P.215) | 모항해수욕장(P.224) | 백바위해수욕장(P.228) | 톱머리해수욕장(P.230)

=== **CHECK POINT** ===

갯벌체험 시 안전 대책

- 갯벌에 다리가 빠지면 먼저 뒤로 드러눕고 자전거 타듯이 발을 굴러 빠져나와 안전한 곳까지 엎드러서 이동하자.
- 안개가 끼면 방향을 찾기 어려워지므로 밀물 시간과 상관없이 바로 나온다.
- 물길이 나 있는 갯골은 가장 먼저 물이 차올라 순식간에 수심이 깊어지니 조심해야 한다.

쉬엄쉬엄 즐기는 대자연, 등산

닿을 수 없는 곳은 언제나 높은 곳에 있기 마련이다. 등산은 사진에서나 볼 수 있는 신비로운 정상의 풍경을 직접 볼 수 있는 활동이다. 어쩐지 높은 산에 오르는 과정에서 인간 한계를 시험하는 운동으로 생각하기 쉽지만, 꼭 그렇지만은 않다. 나에게 맞는 적당한 산을 찾아 쉬엄쉬엄 자연을 느끼며 오른다면 이전엔 알지 못했던 새로운 즐거움을 만나게 된다. 초보라면 왕복 3~4시간 정도의 무난한 코스로 선택하자.

등산하기 좋은 곳   정선 함백산 | 무주 덕유산 | 진안 마이산 | 제천 월악산

등산 초보가   서울 북한산 소귀천 | 부천 원미산 | 강화 고려산 | 평창 오대산 비로봉 | 함양
도전하기 좋은 산   지리산 노고단

===(CHECK POINT)===

등산 준비하기
- 나에게 맞는 등산화 착용하기
- 짐은 최소화, 손에 물건 들고 있지 않기
- 긴팔, 긴바지 착용으로 벌이나 뱀에 물림 예방하기
- 비상식량, 상비약, 물, 손전등 꼭 챙기기

등산 시 주의사항
- 지도와 위치판 고유 번호 수시로 확인(스마트폰으로 사진을 찍어두면 좋다)

- 밤, 도토리, 나물 등 불법 채취하지 않기
- 음주 산행 금지
- 인화물질 소지하지 않기
- 야영, 취사는 허용된 곳에서만 하기
- 흙이 드러난 곳이나 돌계단 이용하기
- 밝은색 옷 입기(벌은 검은색에 높은 공격성을 보인다)
- 살인진드기 주의. 풀 위에 눕지 말고 입었던 옷과 양말, 속옷은 곧장 깨끗이 세탁하기
- 길을 잘못 들었다면 왔던 길을 따라 돌아가기

아기자기한 산책로 걷기, 트레킹

오르막이 힘든 사람이라면 등산보다는 트레킹을 추천한다. 트레킹은 등반과 하이킹의 중간 형태로 풍광 좋은 곳을 찾아 걷는 여행이다. 비교적 가볍게 즐길 수 있는 아웃도어 활동으로 커플 혹은 친구와 함께 담소를 나누며 걸어도 좋다. 반려동물과 함께하기 좋은 활동이기도 하다. 평소 갑갑한 실내 생활만 하던 댕댕이(글자 모양이 비슷하다는 이유로 '멍멍이'라는 뜻으로 쓰는 말)들과 즐거운 추억을 만들 수 있을 것이다. 가벼운 걷기 여행이지만 마실 물과 행동식은 꼭 챙길 것.

트레킹하기 좋은 곳   대부해솔길(P.159) ㅣ 외옹치바다향기로(P.197) ㅣ 옥정호 물안개길(P.223)

트레킹 추천 코스   무의바다누리길(P.154) ㅣ 태기왕전설길(P.186) ㅣ 마을길 따라 노산 가는 길(P.187) ㅣ 선자령 풍차길(P.191) ㅣ 해파랑길(P.255) ㅣ 송악산 둘레길(P.268) ㅣ 제주올레길(P.275)

엔진이 갈 수 없는 길, 자전거

최근 자전거용품 매출이 호조세를 보이고 있다. 갑갑한 일상에서 벗어나 자연을 즐기려는 사람들이 늘고 있기 때문이다. 차박에 자전거를 더하면 더욱 알찬 여행을 즐길 수 있다. 자동차로 가기엔 가깝고 도보로는 다소 멀게 느껴지는 주변 여행지를 편안하게 둘러볼 수 있어 활동적인 여행자들이 선호한다. 단 이를 위해서는 차량에 자전거 캐리어 설치가 필수다. 이외 헬멧, 장갑 등 안전 장비도 잊지 말 것.

자전거 타기 좋은 곳

- **인천 아라마루전망대** 인천 아라자전거길은 아라서해갑문부터 아라한강갑문까지 이어진 길이다. 아라뱃길 황어장터, 아라폭포, 아라마루전망대 등을 만날 수 있다.
- **시흥 갯골생태공원** 시흥 그린웨이 자전거길을 즐길 수 있는 곳으로 물왕저수지를 지나 보통천으로 이어지는 자전거 코스. 농로와 가로수가 가득한 오솔길이 특징이다.
- **충주 탄금대** 남양주 남한강 자전거길을 즐길 수 있는 곳으로 팔당을 출발해 양평, 충주 탄금대를 거쳐 낙동강 자전거길로 이어지며 부산까지 종주할 수 있다.
- **춘천 의암호** 의암호를 따라 이어진 약 30km의 자전거길이다. 호수의 낭만적인 풍광과 의암호 명물 스카이워크를 놓치지 말자.
- **속초 영랑호** 설악산과 동해를 동시에 즐길 수 있는 영랑호 자전거길은 왕복 20km로 산과 호수, 바다를 모두 만날 수 있다.
- **경주 보문호** 보문호를 따라 이어진 자전거길로 3km의 비교적 짧은 코스다. 가볍게 라이딩하고 싶은 사람들에게 안성맞춤이다.
- **제주 애월한담로** 제주도 해안도로를 따라 이어진 길로 총 234km 거리다. 제주도의 주요 관광지를 돌아볼 수 있는 데다 에메랄드빛 바다를 보며 라이딩을 할 수 있다.

피로야 가라! 온천여행

산 좋고 물 좋은 곳은 흔하지만 온천까지 겸비한 지역은 많지 않다. 온천은 여행으로 피로해진 몸에 생명을 불어넣고 마음까지 개운하게 해준다. 유유자적 자연의 풍광을 즐기는 선비처럼 여행하고 싶은 이들에게 안성맞춤이다. 온천을 목적으로 떠나도 좋고 지나는 길에 자리한 가까운 온천에 들러도 좋겠다.

국내 온천 여행지 여주 온천 | 이천 테르메덴 | 경포 솔향온천 | 속초 척산온천휴양촌 | 속초 설악워터피아 | 양양 오색온천장 | 홍천 온천원탕 | 아산 스파비스 | 아산 파라다이스 스파도고 | 태안 아일랜드 리솜 | 소노문 단양 오션플레이 | 충주 앙성탄산온천 | 구례 지리산온천랜드 | 보성 율포해수녹차센터 | 함평 신흥해수약찜 | 진안 홍삼스파 | 거창 백두산천지온천 | 창원 마금산원탕보양온천 | 안동 학가산온천 | 영덕 부경온천 | 영주 소백산풍기온천리조트 | 예천 온천 | 울진 덕구온천리조트 스파월드 | 울진 한화리조트 백암온천 | 청도 용암온천 | 칠곡 도개온천 | 포항 영일만온천 | 부산 해운대온천센터 | 제주 산방산탄산온천

함께라서 행복해! 반려동물 동반 여행

단조로운 일상이 지루한 것은 우리들의 반려동물도 마찬가지. 반려인과 함께 떠나 자연 속에서 마음껏 놀다 지쳐 잠들 수 있다면 그보다 더 행복한 견생은 없지 않을까? 멋진 자연경관을 바라보며 아침저녁으로 산책을 즐길 수 있고, 새로운 환경에서 냄새 맡기를 마음껏 하면서 갑갑한 실내에서 받은 스트레스까지 훨훨 날려버릴 수도 있을 테다. 반려동물과 반려인의 취향을 모두 고려한 차박지로 선정하는 게 핵심이다. 반려견이 바다를 좋아하는지, 풀이나 숲에서 더욱 활기를 띠는지 알아두면 도움이 된다. 더 자세한 사항은 P.178를 참조하자.

**반려동물과
함께하기 좋은 곳**　　　남해 다랭이마을 ㅣ 해남 땅끝천년숲길 ㅣ 태안 안면도 ㅣ 인천 강화도 ㅣ 담양 대나무숲

나만의 관심사를 찾아 떠나는 축제여행

축제는 그 지역의 매력을 한 번에 만끽할 수 있는 최고의 여행법이다. 그러다 보니 축제장은 전국에서 찾아온 방문객들로 언제나 붐비고, 주차장은 만석이기 일쑤. 그러나 차박여행자라면 걱정 없다. 이른 새벽부터 발을 동동 구르며 서두르지 않아도 축제의 시작부터 마감까지 느긋하고 알차게 즐길 수 있다.

1월

서울/경기권
가평 씽씽송어축제
양평 빙어축제
포천 백운계곡 동장군축제

강원권
인제 빙어축제 | 평창 송어축제
화천 산천어축제

2월

영남권
울진대게와 붉은대게축제

제주도
휴애리 매화축제
한림공원 매화축제

3월

충청권
무창포 신비의 바닷길
주꾸미·도다리축제

호남권
광양 매화축제
구례 산수유꽃축제
구례 섬진강변 벚꽃축제

영남권
통영 한려수도 굴축제

〜 SPECIAL 〜
대한민국 지역 대표 축제 캘린더

넘쳐나는 축제 속 여행의 질을 높이기 위해서는 선택과 집중이 필요하다. 먹거리, 멋거리,
꽃, 문화, 역사, 이색 풍경 등 다양한 주제로 축제가 펼쳐지므로 취향에 따라 떠나보자.
※ 시작일 기준. 축제 시기는 매년 달라지며 출발 전 일정 확인은 필수!

4월

서울/경기권
고양 국제꽃박람회
여주 도자기축제
강화도 고려산 진달래축제

호남권
강진 전라병영성축제
고창 청보리밭축제
담양 대나무축제
진도 신비의 바닷길 축제
함평 나비대축제

영남권
합천 황매산 철쭉제
대구 형형색색 달구벌관등놀이
진해 군항제

5월

강원권
춘천 닭갈비막국수축제

충청권
음성 품바축제

호남권
보성 다향대축제
전주 국제영화제

영남권
포항 국제불빛축제
영주 한국선비문화축제
하동 야생차문화축제

6월

강원권
강릉 단오제
고성 하늬라벤더팜 라벤더축제

충청권
서천 한산모시문화제

호남권
무안 황토갯벌축제
영광 법성포단오제

영남권
거제 옥포대첩축제
부산 커피쇼

7월

서울/경기권
부천 국제판타스틱영화제

강원권
화천 물의 나라 화천 쪽배축제

충청권
세종 조치원 복숭아축제
보령 머드축제
부여 서동연꽃축제

영남권
대구 치맥페스티벌
봉화 은어축제

8월

충청권
무창포 신비의 바닷길축제
영동 포도축제

호남권
정남진 장흥 물축제

영남권
통영 한산대첩축제
부산 바다축제

9월

서울/경기권
서울 한성백제문화제
구리 코스모스축제
안성맞춤 남사당 바우덕이축제

강원권
인제 가을꽃축제
정선 아리랑제
평창 효석문화제

충청권
천안 흥타령춤축제

호남권
무주 반딧불축제
영광 불갑산 상사화축제
김제 지평선축제

영남권
안동 국제탈춤페스티벌

10월

서울/경기권
서울 세계불꽃축제 | 가평
자라섬재즈페스티벌 | 수원
화성문화제 | 이천 쌀문화축제

강원권
강릉 커피축제 | 횡성 한우축제

충청권
논산 강경젓갈축제

호남권
강진 남도음식문화큰잔치
목포 항구축제

영남권
진주 남강 유등축제
문경 찻사발축제

11월

강원권
속초별미 양미리축제

호남권
지리산 피아골 단풍축제
벌교꼬막 & 문학축제

영남권
포항 구룡포 과메기축제
부산 불꽃축제
부산 해운대 빛축제

12월

서울/경기권
강화도 빙어송어축제

강원권
강릉 정동진 해맞이축제

충청권
왜목마을 해넘이해돋이축제

호남권
여수 향일암일출제

영남권
영덕 해맞이 경북대종 타종식
포항 호미곶 한민족해맞이축전

차박 용어 알아보기

차박의 매력 포인트와 여행법을 살펴보았으니 본격적으로 차박 용어에 대해 알아볼 차례다.
기본만 알고 있어도 차박에 필요한 정보를 찾을 때 도움이 된다.

차박이란?

차박(車泊)은 설치형 텐트를 사용해 야외에서 숙식을 해결하는 캠핑과
달리, 오로지 차 안에서 자는 것을 의미한다. 넓은 범주에서는 캠핑카 혹
은 차량을 숙박시설로 이용하거나 그에 준하는 형태를 포함한다. 그러
나 캠핑카는 오토캠핑에 포함되는 경향이 있으므로 이 책에서는 평소
사용하는 자가용을 활용한 숙박으로 그 의미를 한정한다.

차박캠핑 or 차박여행

차박의 목적은 기본적으로 레저 활동이며, 즐기는 방법에 따라 크게 2가지
로 나뉜다. 먼저 차박캠핑은 산이나 들, 바닷가에 머물면서 야외생활을
즐기는 캠핑을 목적으로 한다. 대부분의 시간을 정박지에 머물며 캠핑
요리를 만들거나 휴식을 취한다. 차박여행은 산이나 들, 바닷가에서 즐
기는 숙박과 함께 주변을 둘러보는 여행이 주목적이다. 제대로 조리하
여 든든하게 먹기보다 가볍게 때우거나 현지 맛집을 찾아간다.

차박 용어 사전

풀 플랫 Full Flat
차량의 뒷자리인 2열 시트 등받이를 접었을 때, 트렁크와 이어지는 면이 수평으로 평평한 상태

평탄화
2열 시트 등받이를 접는 등 차량 내부의 자리를 정리하여 바닥이나 표면이 수평이 되도록 만드는 것

에어 매트 Air Mat
공기를 주입하여 사용하는 매트

자충 매트
공기 주입구를 열면 자동으로 공기가 채워지는 에어 매트

카트리퍼 Car Tripper
트렁크 테일게이트에 설치하여 거주 공간을 확장하는 텐트. 공중에 떠 있는 형태의 스피드와 지면으로 펼쳐져 공간을 만드는 라운지로 나뉜다.

루프톱 텐트 Rooftop Tent
차량 지붕에 얹는 텐트로 소프트톱과 하드톱 2가지가 있다.

무시동 히터
차량에 시동을 걸지 않고 파워뱅크와 별도의 연료를 사용한 히터. 차 안에 매립하는 매립형과 포터블Portable로 사용하는 이동식이 있다.

온수 보일러
뜨거운 물을 순환시켜 사용하는 보일러. 무동력 온수 보일러와 동력 온수 보일러 2가지다.

인버터 Inverter
파워뱅크의 차량용 12V 전기를 가정용 220V로 변환해주는 변압기

퇴근박

퇴근하자마자 곧장 떠나는 차박

트박

캠핑 트레일러에서 숙박하며 즐기는 차박

승박

차박의 유사어로 승용차에서 즐기는 차박

캠박

캠핑카에서 숙박하며 즐기는 차박

박지

차박지 혹은 정박지의 줄임말로 차박 장소를 일컫는다.

캠프닉

캠핑과 피크닉의 합성어로, 숙박하지 않고 소풍 가듯 다녀오는 당일치기 캠핑

차박피싱

낚시와 해루질을 목적으로 한 차박. 줄여서 차핑이라고도 하며 유사어로 차박낚시가 있다.

빙박

단단한 얼음 위에서 즐기는 캠핑. 계곡, 강, 호수에서 할 수 있다. 주로 빙어낚시를 함께 즐긴다.

우중 차박

비가 내리는 가운데(雨中) 차박하는 것을 가리킨다. 창밖으로 또르르 떨어지는 빗소리를 듣기 위해 일부러 비 오는 날 차박을 즐기는 사람도 적지 않다.

설중 차박
눈이 내리는 가운데(雪中) 차박하는 것을 말한다. 우중 차박과 비슷한 이유로 설중 차박을 즐기고 싶은 사람들은 일부러 눈 내리는 지역을 찾아 다니기도 한다.

노지 차박
화장실, 샤워장, 개수대 등의 편의시설이 없는 곳으로 야영이 공식적으로 허가된 지역에서 즐기는 차박. 노지캠핑 혹은 오지캠핑이라고도 한다.

미니멀 차박
반드시 필요한 최소한의 장비만 챙겨서 가볍게 떠나는 차박캠핑

불멍

화로대에 활활 타오르는 불을 보며 멍 때리는 행위

화로대
야외에서 숯이나 장작을 이용해 불을 피우는 장비. 모닥불, 직화구이, 불멍 등을 할 때 주로 사용한다.

화목난로
나무를 땔감으로 사용하는 난로

테트리스
많은 양의 차박용품(캠핑장비)을 차에 실을 때 테트리스 블록을 맞추듯 빈틈없이 수납하는 행위를 일컫는 말. 테트리스 게임에서 차용했다.

솔캠
혼자 떠나 조용히 즐기는 차박캠핑

결로 현상
내부와 외부의 온도 차로 인해 공기 중 수증기가 물방울 형태로 맺히는 현상. 주로 겨울철 자동차 창 내부에 발생한다.

차박에 유리한 차종

차박은 반드시 SUV 차량만 가능한 것이 아니다. 차박에 유리한 차종은 2열 시트를 접었을 때 풀 플랫 가능 여부가 관건이다. 편안한 잠자리의 조건은 ❶바닥이 평평하고, ❷누웠을 때 본인 키보다 살짝 넉넉한 공간이다. 다음은 순정 부품 차량으로 풀 플랫이 가능한 차종들이다(2열 시트 등받이를 접었을 때 단차 6cm 이내 기준).

경차

기아 레이는 경차지만 풀 플랫이 되면서도 전고가 높아 실내 공간을 여유롭게 사용할 수 있어 인기가 많다. 유류비 걱정이 없고, 통행료나 주차비 할인 혜택도 장점이다.

소형 승용차

소형 승용차 중 해치백 형태의 차량으로 쉐보레 볼트 EV나 미니 쿠퍼 등이 있다. 해치백은 일반 승용차로 간주하는 차량 중 트렁크가 분리되어 있지 않은 종류를 말한다. 2열 좌석을 접으면 트렁크에 뒷좌석까지 공간이 확장되기 때문에 차박 시 거주성이 좋다.

소형 & 준중형 SUV

풀 플랫이 가능하여 거주성이 좋아 인기다. 쌍용 티볼리, 쌍용 코란도, 쉐보레 트레일블레이저, 기아 니로, 기아 스토닉, 기아 셀토스, 기아 스포티지, 현대 베뉴, 현대 코나, 현대 투싼, 푸조 2008, 미니 컨트리맨, 폭스바겐 티구안 등이 있다.

중형 SUV

소형 SUV가 인기를 끌며 입지가 다소 애매해진 점이 있다. 기아 쏘렌토, 르노삼성 QM6, 지프 체로키가 대표적이다.

대형 SUV

차박이 대세가 되면서 차박 전용 차량으로 주목받고 있다. 현대 팰리세이드를 비롯해 기아 모하비, 쉐보레 트래버스, 쌍용 G4 렉스턴은 풀 플랫은 기본, 거주성을 최대치로 끌어올려 인기가 많다. 이외에도 제네시스 GV80, 폭스바겐 투아렉, 포드 익스플로러, 혼다 파일럿, 지프 그랜드 체로키, 테슬라 모델X 등이 있다.

> **CHECK POINT**
>
> SUV 차량이어도 2열 시트를 접었을 때 풀 플랫이 되지 않고 가운데가 불룩하게 올라오거나 트렁크와 2열 시트 사이에 단차가 발생하는 경우가 많다. 현대 싼타페 DM이 대표적이다. 이럴 때는 수평을 맞추기 위해 별도로 평탄화 작업을 해줘야 한다. 반면 쉐보레 볼트 EV와 같이 일반 승용차여도 풀 플랫이 되는 경우가 있다. 바닥 평탄화에 관한 정보는 P.87를 참고할 것.

승합차(밴)

그랜드 스타렉스 3밴은 굳이 캠핑카로 개조하지 않아도 공간이 넓고 쾌적해 매력적이다. 1열을 제외한 뒷좌석이 없어 그 자리를 모두 거주 공간으로 이용할 수 있기 때문. 한국지엠 다마스 밴은 작지만 밴이 가진 장점을 활용할 수 있으니 차박에 유리한 차량으로 손색이 없다. 기아 카니발 리무진은 공구 없이 2열 시트를 탈거할 수 있고 3열 시트를 접으면 매우 넓은 거주 공간을 확보할 수 있다.

단종 차량

르노삼성 QM5, 쌍용 카이런, 쌍용 코란도 투리스모, 현대 i40, 현대 구형 싼타페, 쉐보레 올란도, 쉐보레 캡티바, 쉐보레 트랙스 등은 단종되었으나 순정으로 차박하기 좋은 차량으로 손꼽힌다.

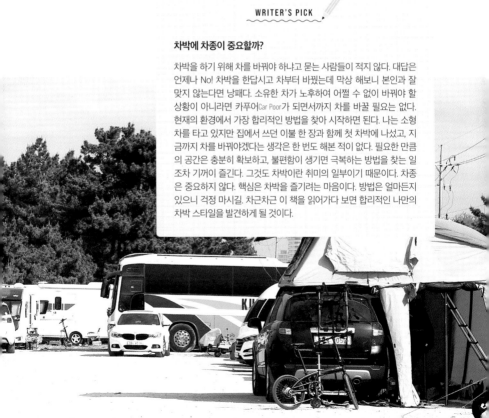

WRITER'S PICK

차박에 차종이 중요할까?

차박을 하기 위해 차를 바꿔야 하냐고 묻는 사람들이 적지 않다. 대답은 언제나 No! 차박을 한답시고 차부터 바꿨는데 막상 해보니 본인과 잘 맞지 않는다면 낭패다. 소유한 차가 노후하여 어쩔 수 없이 바꿔야 할 상황이 아니라면 카푸어Car Poor가 되면서까지 차를 바꿀 필요는 없다. 현재의 환경에서 가장 합리적인 방법을 찾아 시작하면 된다. 나는 소형 차를 타고 있지만 집에서 쓰던 이불 한 장과 함께 첫 차박에 나섰고, 지금까지 차를 바꿔야겠다는 생각은 한 번도 해본 적이 없다. 필요한 만큼의 공간은 충분히 확보하고, 불편함이 생기면 극복하는 방법을 찾는 일조차 기꺼이 즐긴다. 그것도 차박이란 취미의 일부이기 때문이다. 차종은 중요하지 않다. 핵심은 차박을 즐기려는 마음이다. 방법은 얼마든지 있으니 걱정 마시길. 차근차근 이 책을 읽어가다 보면 합리적인 나만의 차박 스타일을 발견하게 될 것이다.

나에게 맞는 차박 스타일 찾기

차박을 준비할 때 가장 먼저 고려해야 할 부분이 함께할 인원을 생각해 차박 형태를 정하는 것이다.
인원수에 맞춰 잠자리 공간을 세팅하고, 필요하다면 여분의 공간을 추가로 만들어 편안한 쉼터가
될 수 있도록 계획해야 한다. 이를 위해선 나에게 맞는 차박 스타일을 찾는 게 핵심이다.

①

누구와 함께 갈까?

- **가족 차박**   어린 자녀와 부부, 3~4인 가족 구성
- **커플 차박**   부부나 연인, 2인으로 구성
- **솔로 차박**   나 홀로 1인으로 구성

②

어떤 형태가 좋을까?

혼자라면 비교적 선택지가 많지만, 인원수가 많아질수록 차박에 필요한
거주 공간 확보가 관건이다. 통상 솔로 차박을 즐기거나 대형 차량을 이
용하는 커플은 스텔스 차박을 선호한다. 커플이라도 공간을 넓게 활용
하고 싶거나 4인 가족이라면 주로 확장형 차박을 선택한다. 우리나라는
차박이나 캠핑을 즐기는 인구가 보통 가족 혹은 커플 단위이기 때문에
확장형 차박 형태가 주를 이룬다.

솔로/커플 추천

커플/가족 추천

인원에 상관없는 캠핑의 로망

스텔스 차박

외부에 별다른 장치를 하지 않아 평소와 다름없는 모습으로 티 나지 않게 숙박하는 것을 말한다. 확장형 텐트 등의 기타 장비를 설치하지 않으므로 기동성이 좋고 차박지 선택에 한계가 없다는 게 장점이다. 차량 크기에 따라 차이가 있으나 대체로 미니멀 차박을 추구하는 솔로 혹은 커플 차박에 적합하다.

확장형 차박

스텔스 차박과 달리 차량 외부에 확장형 장비를 설치하여 거주 공간을 넓힌 차박의 형태를 말한다. 확장형 장비로는 차량 지붕 위에 얹는 루프톱 텐트, 차량 후미에 연결하는 도킹 텐트가 대표적이다. 거주 공간의 확장 덕분에 차량 크기에 영향을 적게 받으므로 4인 가족이라도 차박에 무리가 없다. 단 부수적으로 필요한 장비가 많아진다는 게 단점이다.

캠핑카

캠핑카는 그야말로 캠핑을 사랑하는 이들의 로망이다. 차 안에 침실, 주방, 거실, 화장실까지 모두 마련되어 있어 안락한 무빙 홈Moving Home으로 손색이 없다. 그러나 자칫 애물단지가 되기 십상. 엄청난 덩치 때문에 차박지 선택의 폭이 좁다. 무엇보다 평소 주차할 곳이 마땅찮고, 유지 관리를 부지런히 해줘야 한다는 단점이 있다.

차박 스타일별 기초 가이드

차박 스타일에 따라 여행지 선택과 필요 장비, 여행 경비는 천차만별로 달라진다.
스텔스 or 확장형 형태와 캠핑 or 여행이라는 목적에 따라 다르고 인원수에도 영향을 받는다.
현실적인 나만의 맞춤 여행을 계획하기 위해 차박 스타일별 기초 정보에 대해 알아보자.

스텔스 차박

스텔스Stealth란 본래 상대의 레이더나 탐지기에 포착되지 않는 은폐 기능을 일컫는 말로, 주로 항공기나 함정에서 사용하는 말이다. 차박 용어로는 공공 또는 개인 구역에서 눈에 띄지 않게 야영하는 형태를 뜻한다. 스텔스 모드 혹은 순수 차박이라고도 한다. 별다른 장비를 사용하지 않아 차박인지 아닌지 티가 나지 않는다. 휴게소나 주차장 등 확장형 텐트를 사용할 수 없는 곳에서 특히 유리하다.

어디에서 차박을 해야 할까?

있는 듯 없는 듯 티 나지 않기 때문에 차박지 선택의 폭이 매우 넓다. 어디든 원하는 여행지를 선택하고 차를 세우면 끝. 단 스텔스라 해도 야영이 금지된 도립·시립·군립공원과 국립공원, 국유림임도, 사유지, 해안 방파제, 도로 휴게소나 주차장에서는 화기를 사용해 취사하는 행위는 불법이다.

어떤 장비를 준비해야 할까?

스텔스는 설치형 텐트가 필요하지 않기 때문에 편안한 숙면을 도와줄 매트와 침낭(이불) 정도로 충분하다.

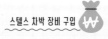

스텔스 차박 장비 구입

필요한 장비 매트와 침낭

매트는 쿠션감 있고 부피감도 적당하며 사용이 편리한 자충 매트를 추천한다. 1인용은 3만 원, 2인용은 7만 원 전후로 구입할 수 있다. 침낭은 5만 원 정도의 저렴한 것부터 수백만 원에 이르는 고급형까지 가격이 천차만별이다. 침낭 대신 집에 있는 가벼운 이불을 쓰는 것도 좋다.

2
확장형 차박

스텔스 차박과는 달리 자동차의 지붕이나 후미에 설치형 텐트를 사용해 거주성을 넓힌 차박 형태다. 특히 커플이나 가족 단위 캠퍼들이 선호한다. 루프톱 텐트, 카트리퍼, 도킹 텐트 혹은 셸터Shelter나 타프Tarp를 사용한다.

어디에서 차박을 해야 할까?

확장형 텐트 설치에 구애받지 않는 장소를 찾아야 한다. 주로 산, 들, 계곡 등 야영과 취사가 허가된 노지나 해수욕장, 무료 야영장을 이용한다. 처음이라면 전기 및 샤워, 취사시설 사용이 자유로운 유료 오토캠핑장에서 시작하는 것도 방법이다.

어떤 장비를 준비해야 할까?

편안한 숙면을 도와줄 매트와 이불은 기본. 본인의 필요에 따라 지붕 위에 얹는 루프톱 텐트, 자동차 후미에 연결하여 트렁크 공간을 넓혀주는 카트리퍼, 자동차 트렁크 쪽으로 연결하여 거실 공간을 만드는 도킹 텐트 중 선택하면 된다. 셸터는 도킹 텐트를 대신할 수 있고 타프는 간단하게 설치 가능한 그늘막이다. 부담스러운 건 싫지만 간소한 거주 공간을 원할 때 좋다.

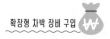

확장형 차박 장비 구입

필요한 장비 **매트, 침낭, 설치형 텐트, 텐트 설치를 위해 필요한 부속물(펙, 스트링, 펙 망치, 폴대)**

스텔스 차박 장비 항목에 더해 설치형 텐트와 부속물 구입비가 추가된다. 지나치게 저렴한 제품은 쉽게 망가질 위험이 있다. 비용이 좀 들더라도 처음부터 내구성이 좋은 것을 사두는 게 장기적으로 이득이다. 타프는 10만 원 미만으로도 구매할 수 있으나 도킹 텐트, 카트리퍼, 셸터의 경우 20~50만 원 전후 제품군이 쓸 만하다. 텐트를 단단하게 고정하려면 튼튼한 펙, 스트링, 펙 망치를 따로 구비해야 한다(텐트나 타프를 구매할 때 포함된 경우도 있으나 대체로 부실하여 쉽게 망가진다). 부속물까지 꼼꼼히 확인한 후 구매할 것. 루프톱 텐트는 편리하지만 수백만 원 상당이라 부담스러울 수 있다.

3

솔로 차박

솔로 캠핑에서 나온 말로 솔캠 혹은 나 홀로 차박이라고도 한다. 최소한의 짐만 챙겨 간소하게 즐기는 차박으로 1인 가구가 늘어나면서 솔로 차박도 증가하는 추세다. 즉흥 여행이 가능하고 차가 크든 작든 전혀 문제가 되지 않는다. 날 좋은 주말을 앞둔 금요일, 퇴근과 동시에 떠나 전망 좋은 바닷가나 산에서 혼자만의 시간을 만끽해보자.

어디에서 차박을 해야 할까?

혼자 움직이는 솔로 차박은 무엇보다 안전에 주의해야 한다. 가능한 한 외진 곳을 피하고 어느 정도 인적이 있는 곳으로 장소를 선정하는 게 핵심이다. 주변에 차박하는 차량들이 있고, 어두운 곳보다는 밝은 가로등 아래나 경찰서, 편의점 근처가 비교적 안전하다. 여주 강천섬이나 안산 시화호조력발전소는 이런 조건에 잘 부합하는 곳이다. 겁이 많은 차박 입문자라면 거주지 근처 공원 주차장 또는 유료 캠핑장부터 도전해볼 것을 추천한다.

어떤 장비를 준비해야 할까?

스텔스냐, 확장형이냐에 따라 준비해야 할 장비가 달라진다. 미니멀 차박을 즐기고 싶다면 스텔스, 혼자라도 제대로 갖추어 누리고 싶다면 확장형으로 선택한다. 한번 정했다고 매번 같은 스타일로 다닐 필요도 없다. 그때그때 결정하면 될 일이다. 먼저 원하는 스타일을 정하고 그에 맞는 장비를 준비한다. 차박 입문자라면 매트와 이불만으로도 충분한 스텔스 차박을 추천한다. 거기에 감성을 더하고 싶다면 코튼볼과 갈런드Garland 정도를 챙기는 것도 좋다. 솔로 차박 장비 구입 비용은 스텔스 차박과 확장형 차박 장비 구입을 참고하자.

솔캠, 심심하지 않을까?!

동행이 있어 좋은 점도 있지만 오롯이 여행에 집중하고 싶다면 솔캠이 정답이다. 아무것도 하지 않고 새소리, 바람 소리, 물소리를 듣거나 하염없이 멍을 때려도 좋으리. 그러나 자연과 더불어 근사한 풍광을 만나는 것도 잠시, 금세 지루함을 느끼는 당신이라면 나만의 차박 테마를 만들어보는 것도 좋겠다. 커피를 좋아한다면 전국 카페 순례가 주제다. 커피 맛이 유명한 곳을 찾아 다녀도 좋고 차박을 하면서 핸드프레소나 모카포트를 이용해 직접 만든 커피를 즐겨도 좋다. 그도 아니라면 P.41 '차박이 더 즐거워지는 여행법'을 통해 나만의 테마를 발견해보자.

=== **CHECK POINT** ===

차박, 안전하게 즐기자!

- 가능한 한 가로등 아래나 파출소 혹은 편의점과 가까운 곳으로 주차 위치를 정한다.
- 차 안에 창문 가림막이나 커튼을 설치해 외부에서 내부가 보이지 않도록 한다.
- 차 안에 탑승하면 가장 먼저 모든 문을 잠근다.
- 화장실을 가는 등 외출 시에는 스마트폰을 항상 손 안에 든다.
- 스마트폰, 차키, 지갑 등은 즉시 꺼낼 수 있도록 쉽게 손이 닿는 곳에 둔다.
- 호신용 호루라기나 전기 충격기를 준비한다.
- 상시 연결 가능한 가족이나 지인에게 자신의 차박 장소를 알려준다.

겨울철 차박

집 나오면 고생이라는 말은 허언이 아니다. 하물며 온 세상이 꽁꽁 얼어
붙는 한겨울에 차박이 웬 말인가 싶겠지만 그건 몰라서 하는 소리다. 캠
퍼들 사이에서는 겨울 캠핑을 캠핑의 꽃이라 부른다. 차박도 다르지 않
다. 영화 <러브레터>를 연상케 하는 하얀 세상 속에서 타다닥 소리를 내
며 타들어가는 모닥불은 로망이다. 거기에 진한 향기로 코끝을 간지럽
히는 커피 한 잔의 매력은 겨울에만 느낄 수 있는 낭만이다. 하지만 모든
일에는 대가가 따르는 법. 살뜰히 챙겨야 겨울밤의 낭만도 진하게 만날
수 있다. 그 어떤 때보다 철저한 준비가 필요하다.

어디에서 차박을 해야 할까?

난방 준비가 잘 끝났다면 겨울을 듬뿍 느낄 수 있는 곳으로 떠나보자. 대관령양떼
목장은 눈 내리는 설경이 아름답기로 유명하다. 덕유산 덕유대야영장과 춘천 소양
호 주변은 상고대를 볼 수 있어 특별한 겨울 풍광을 즐기기에 안성맞춤이다. 아이
와 함께라면 빙어축제, 송어축제, 산천어축제, 빛축제 등 겨울에만 만날 수 있는 이
벤트를 찾아 떠나도 좋다.

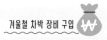
겨울철 차박 장비 구입

침낭은 5만 원부터 100만 원이 넘는 제품까지 다양하다. 핫팩은 낱개
로 구매하기보다 대량으로 사는 게 가성비가 좋다. 30매에 1만 원 정
도. 은박 매트는 3mm부터 여러 가지 두께로 나온다. 롤 단위로 판매
하며 1롤에 42m, 3만 원 정도다. 암막 뽁뽁이는 1m 단위 2천 원, 차
량용 전기 매트는 10만 원 선이다. 무시동 히터는 히터 제조사에 따라
20~130만 원 대까지 다양하다.

어떤 장비를 준비해야 할까?

침낭

계절이 계절이니만큼 난방 대책이 마련되어 있지 않으면 차박은 어림도 없다. 가장 기본적인 난방법으로 겨울 침낭과 핫팩이 있다. 머미형 침낭은 머리까지 감싸주기 때문에 몸 전체를 한기로부터 막아준다. 수십만 원을 호가하는 극동계 침낭도 좋지만 비용이 부담된다면 저렴한 침낭 2개를 겹쳐 사용하는 것도 요령이다. 아니면 침낭 하나와 집에 있는 이불의 조합도 가성비 훌륭한 난방이 될 수 있다.

핫팩

침낭에 핫팩을 몇 개 넣어두면 더욱 따뜻하게 밤을 날 수 있다. 기왕이면 붙이는 핫팩을 추천한다. 다리 쪽, 엉덩이 쪽, 가슴 쪽, 아랫배 부분(겉옷이나 내의 위)에

붙이고 침낭에 들어가면 영하 5도까지는 거뜬하다. 또한 발밑에 핫팩을 붙이면 쉽게 체온이 떨어지는 것을 막을 수 있다. 핫팩을 미처 준비하지 못했다면 잠자리에 들기 전 끓인 물을 넣은 페트병을 두꺼운 수건으로 잘 감싼 후 침낭에 넣어두어 내부를 데운다.

은박 매트와 암막 뽁뽁이

외부에서 들어오는 한기를 막는 것도 중요하다. 바닥은 1차로 은박 매트를 깔고 그 위에 자충 매트를 올리면 좋다. 창 쪽으로 들어오는 한기도 막아야 한다. 차량용 커튼을 달거나 창문 가림막을 만들어 붙이면 도움이 된다. 창문 가림막은 암막 뽁뽁이 혹은 은박 매트로 직접 만들어 사용할 수 있는데 한기, 열기, 외풍 차단이 가능하고 습기 발생을 어느 정도 막아주므로 사계절 유용하다.

전기 매트와 무시동 히터

차량용 전기 매트는 USB 전기 매트와는 다르게 뜨끈뜨끈한 열기를 자랑한다. 영하 10도의 한파에도 거뜬하다는 사실. 엔진을 켜지 않고 사용 가능한 무시동 히터는 차박인들에게 궁극의 워너비로 통한다. 설치 비용은 사악하지만 훈훈한 바람이 차량 내부를 순환해 한겨울에도 여름 이불 하나로 잘 수 있을 만큼 따뜻함을 자랑한다. 여기서 알아둬야 할 점은 전기 매트와 무시동 히터를 사용하려면 전기가 필요하다는 사실. 금전적인 여유가 있다면 대용량 배터리인 파워뱅크를 구비하는 것도 유용하다. 비교적 전기를 자유롭게 사용할 수 있어 여러모로 편리해진다. 겨울에는 차량용 전기 매트와 무시동 히터를, 여름에는 냉장고와 선풍기를 사용할 수 있고 스마트폰, 카메라, 드론, 맥북 등의 전자기기 충전도 자유롭다. 파워뱅크에 대한 자세한 사항은 P.110를 참조하자.

차박 장비 구입 노하우

차박 준비를 본격적으로 시작하면 가장 먼저 고민하게 되는 게 장비다.
무엇을 어떻게 준비해야 생애 첫 차박에 성공할 수 있을까? 장비의 종류와 장단점을 알면
후회하지 않는 선택을 하는 데 도움이 된다.

여행 스타일별 장비 구입법

시행착오를 줄이기 위해 가장 먼저 자신의 여행 스타일을 생각해보자. 간소한 캠핑을 즐기고 싶은 차박캠핑인지, 기동성을 추구하는 차박여행인지 장비를 선택하기에 앞서 목적을 분명히 하는 게 핵심이다. 자연에서 휴식을 취하는 것이 목적이라면 널찍한 크기의 도킹 텐트에 주목하자. 트렁크와 연결하여 넓은 외부 공간을 확보할 수 있다. 편안한 쉼을 도와주는 릴렉스 체어나 해먹 등에 투자하는 방법도 있다. 야외에서 음식을 만들어 먹는 재미를 즐긴다면 테이블, 스토브, 쿠커와 같은 주방 아이템에 더 집중한다. 여행이 주목적이라면 텐트나 주방 도구보다 쿠션감이 좋은 매트, 수면등, 침낭이나 이불 등 여독을 풀어줄 잠자리 아이템에 비중을 둔다.

 중고 & 공구 활용법

물건 하나 고르는 게 왜 이리도 어려울까! '선택 장애'를 일으키는 버라 이어티한 장비의 세계에서 현명하게 살아남으려면 사용 후기를 눈여겨 봐야 한다. 마음에 드는 물건을 발견했더라도 선뜻 사기엔 주머니 사정 이 녹록치 않다면 반드시 신제품만 고집할 필요도 없다. 차박용품은 중 고장터에서 시시때때로 활발하게 거래된다. 트렌드는 빠르게 변하고 트 렌드를 주도하는 얼리 어댑터들은 후속 제품에 눈독을 들이며 거의 새 것 같은 물건을 장터에 내놓는다. 간혹 포장지만 뜯고 사용하지 않은 새 제품도 있다. 사용감이 거의 없는 잘 관리된 중고 물품은 순식간에 거래 되기 때문에 속도가 생명이다. 좋은 물건을 합리적인 가격에 얻고 싶다 면 부지런한 발품은 필수다. 간혹 차박 커뮤니티에서 좋은 제품을 저렴 한 가격으로 공동 구매한다. 경쟁이 치열한 인기 제품은 순식간에 마감 되므로 관심 있는 게시판에 알림 설정을 해두자.

고가 장비 vs.
저가 장비

많은 차박 선배들은 말한다. 중복투자를 피하려면 고가 장비가 정답이라고. 가성비 따져가며 고심 끝에 선택했지만 막상 써보니 이래저래 애매해서 창고에 자리만 차지하는 애물단지로 전락하거나 중고장터에 내놓기 일쑤라는 것이다. 위시리스트에 담아두었던 고가 장비를 사던 날에는 어김없이 생각한다. 처음부터 이걸 샀으면 이중으로 돈을 쓰진 않았을 텐데!

그러나 고가 장비 중에는 설치가 복잡하거나 지나치게 무겁고 커서 다루기 어려운 것들도 적지 않다. 고급 텐트는 여러 가지 기능이 많지만 본인의 차박 스타일이 캠핑보다 여행 쪽에 가깝다면 과한 선택이다. 고가의 스테인리스 코펠은 수십만 원을 호가하지만 무거워서 들고 다니지도 못할 수 있다. 중요한 건 본인이 감당할 수 있는가 하는 점이다.

처음부터 모든 장비를 갖추고 시작하기보다 필요한 게 생기면 하나씩 준비해나가는 게 현명하다. 한꺼번에 목돈이 나가지 않아서 좋고, 현장 경험을 통해 절실한 장비로 구비하니 시행착오까지 줄여준다. 무엇보다 나만의 차박 스타일에 맞는 장비를 갖출 수 있어 1석 3조다.

예산에 따른
추천 장비

예산을 줄이는 가장 쉬운 방법은 기존에 쓰던 물건을 적극적으로
이용하는 것이다. 조리도구는 따로 살 필요 없이 집에서 사용하던
웍(지름 20cm 추천) 하나면 다용도로 사용할 수 있고, 침낭 역시
집에서 쓰던 이불로 대체해서 불필요한 소비를 줄일 수 있다.
다음에 소개하는 정보는 1인 기준 구성이다.

미니멀 차박, 20만 원 맞춤 구성

※스텔스 차박

기본 장비	자충 매트(자충식 더블 에어 매트 HR-1099)	22,900원
	침낭(빈슨메시프 마몬 침낭 머미형)	34,900원
	*집에서 쓰던 이불로 대체 가능	
	차량용 놀이방 매트(오토런 ATR 아이튼튼 놀이방 매트 3단 풀세트)	45,000원
	*잠자리 세팅 시 누울 공간이 충분하면 제외 가능	

+

휴식에 필요한 장비	테이블(조아캠프 캠핑테이블 60)	16,900원
	의자(카즈미 벨리 캠핑체어) •	32,210원
	조명(로티캠프 원형 자석 랜턴)	6,240원

+

식사에 필요한 장비	스토브(코베아 풍뎅이 미니 가스버너)	31,000원
	시에라 컵(스노우라인 티타늄 시에라 컵 300ml) •	17,000원
	*식사는 주로 완전 조리식품이나 외식으로 해결한다면 비용 절감 가능	

총비용(1인 기준) **206,150원**

실속 차박, 50만 원 맞춤 구성

※확장형 차박

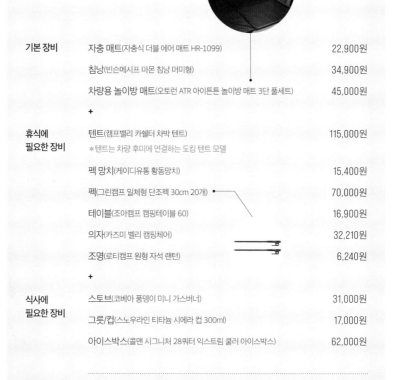

기본 장비	자충 매트(자충식 더블 에어 매트 HR-1099)	22,900원
	침낭(빈슨메시프 마몬 침낭 머미형)	34,900원
	차량용 놀이방 매트(오토런 ATR 아이튼튼 놀이방 매트 3단 풀세트)	45,000원
	+	
휴식에 필요한 장비	텐트(캠프밸리 카쉘터 차박 텐트)	115,000원
	*텐트는 차량 후미에 연결하는 도킹 텐트 모델	
	펙 망치(케이디유통 황동망치)	15,400원
	펙(그린캠프 일체형 단조펙 30cm 20개)	70,000원
	테이블(조아캠프 캠핑테이블 60)	16,900원
	의자(카즈미 벨리 캠핑체어)	32,210원
	조명(로티캠프 원형 자석 랜턴)	6,240원
	+	
식사에 필요한 장비	스토브(코베아 풍뎅이 미니 가스버너)	31,000원
	그릇/컵(스노우라인 티타늄 시에라 컵 300ml)	17,000원
	아이스박스(콜맨 시그니처 28쿼터 익스트림 쿨러 아이스박스)	62,000원

총비용(1인 기준) **468,550원**

캠핑 꿈나무, **100만 원 맞춤 구성**

기본 장비	자충 매트(자충식 더블 에어 매트 HR-1099)	22,900원
	침낭(빈슨메시프 마몬 침낭 머미형)	34,900원
	차량용 놀이방 매트(오토런 ATR 아이튼튼 놀이방 매트 3단 풀세트)	45,000원
	+	
휴식에 **필요한 장비**	텐트(제드 프리듀얼팔레스 차박 텐트) ●	495,000원
	펙 망치(케이디유통 황동망치)	15,400원
	펙(그린캠프 일체형 단조펙 30cm 20개)	70,000원
	테이블(엣지하우스 슬림 3폴딩 테이블)	38,900원
	의자(헬리녹스 체어원 캠핑의자)	99,000원
	조명(크레모아 LED 캠핑 랜턴 울트라 미니) ●	59,000원
	+	
식사에 **필요한 장비**	스토브(코베아 풍뎅이 미니 가스버너)	31,000원
	코펠(코베아 뉴 경질 코펠 5~6인용)	43,060원
	아이스박스(콜맨 시그니처 28쿼터 익스트림 쿨러 아이스박스)	62,000원

총비용(1인 기준)   **1,016,160원**

추천! 고급 장비 리스트

캠핑을 좋아하는 사람들 중에는 저렴한 것을 구매했다가 실패를 겪고 재구매하는, 이른바
'중복투자'를 하는 이들이 많다. 물론 고가라고 해서 다 좋은 것은 아니지만 실패 위험이
적은 소비를 통해 현명하게 취미생활을 할 수 있다면 좋을 일이다. 여기에서는 제값을
하는 고급 장비 몇 가지를 소개한다. 가격은 판매처와 시기에 따라 다를 수 있다.

기본 장비

자충 매트(노마드 NEW 인디언 황동2구 자충 매트 스웨이드 더블)	75,930원
※표면에 스웨이드 처리가 되어 있어 침낭이나 이불 사용 시 미끄러지지 않는다	
침낭(준우아웃도어 NEW 익스트림C)	477,500원
※머미형 침낭으로 구스다운을 사용해 보온력이 좋다	
차량용 놀이방 매트(오토런 ATR 아이튼튼 놀이방 매트 3단 풀세트)	45,000원

휴식에 필요한 장비

텐트(위드몽 블랙코팅 프리미엄 차박 텐트)	529,000원
펙 망치(코베아 파운딩 해머)	43,000원
펙(그린캠프 일체형 단조펙 30cm 20개)	70,000원
테이블(코베아 AL 밤부 원액션 테이블 L)	167,000원
의자(코베아 필드 럭셔리 블랙 체어)	156,000원
조명(베어본리빙 포레스트 랜턴)	78,300원

식사에 필요한 장비

스토브(코베아 3웨이 올인원 멀티 스토브)	92,350원
코펠(스탠리 베이스캠프 4인용 쿠세트)	130,000원
차량용 냉장고(알피쿨 T60)	250,000원

기타 장비

파워뱅크(에코파워뱅크 리튬인산철 100A)	1,100,000원
※설치비 별도	
무시동 히터(에버스 파커 차량용 무시동 히터)	850,000원
※설치비 별도	
루프 박스(툴레 퍼시픽M 410L)	489,000원

일정에 따른
예산 잡기

장비 구입 비용을 제외하고 일반적으로 유류비와 식사비 정도를
지출한다. 보통 1박 2일에 6만 원 전후, 2박 3일에 10만 원 정도
예상하면 된다. 어린 자녀 2명을 포함한 4인 가족, 집에서부터
2시간 미만 거리를 기준으로 한다. 여기에 식비와 인원수의
증감, 차박 스타일에 따라 지출 비용은 천차만별로 달라진다.

1박 2일 예산

서울 ▸▸ 홍천 모곡밤벌유원지(1일 차) ▸▸ 서울(2일 차)

유류비	평균 연비 15km, 휘발유 소형차 왕복	13,000원
	*시기에 따라 변동될 수 있다.	
	+	
통행료	왕복	7,400원
	+	
식비	1일 점심 라면, 밥 ┃ 저녁 삼겹살, 맥주	40,000원
	2일 아침 프렌치토스트, 우유 ┃ 점심 된장찌개, 밥	
	*김치, 쌀, 계란, 밑반찬, 쌈장, 된장, 감자, 양파, 물 등은 집에서 가져간다.	

합계(4인 가족 기준)　　　　　　　　　　　　　　　**60,400**원

2박 3일 예산

서울 ▸▸ 충주 수주팔봉(1일 차) ▸▸ 인천 대부도(2일 차) ▸▸ 서울(3일 차)

유류비	평균 연비 15km, 휘발유 소형차 왕복	25,000원
	*시기에 따라 변동될 수 있다.	
통행료	+	
	왕복	15,000원
식비	+	
	1일 휴게소 간식 소떡소떡, 우동 ㅣ 저녁 삼겹살, 맥주	60,000원
	2일 아침 라면, 밥 ㅣ 점심 추억의 도시락 ㅣ 저녁 김치찜	
	3일 아침 매생이떡국 ㅣ 점심 열무비빔밥	
	*김치, 쌀, 계란, 밑반찬, 물 등은 집에서 가져간다.	

합계(4인 가족 기준)   **100,000원**

일주일 예산

서울 ▸▸ 고성 송지호(1일 차) ▸▸ 강릉 순긋해변(2일 차) ▸▸ 삼척 맹방해수욕장(3일 차)
▸▸ 울진 구산해수욕장(4일 차) ▸▸ 경주 나정고운모래해변(5일 차) ▸▸
부산 오랑대공원(6일 차) ▸▸ 서울(7일 차)

| 유류비 | 평균 연비 15km, 휘발유 소형차 왕복 | 96,690원 |

＊시기에 따라 변동될 수 있다.

| 통행료 | + | |

왕복. 7번 국도, 무료 도로 사용 구간은 통행료가 발생하지 않는다.　32,800원

| 식비 | + | |

1일 30,000원 기준　210,000원

＊김치, 쌀, 계란, 밑반찬, 물 등은 집에서 가져간다. 냉장 보관이 필요한 김치, 계란, 밑반찬 등은
2일치 정도만 챙겨가고, 이후부터는 그때그때 현장에서 구매하는 게 좋다.
＊1일 1회 매식 예정이라면 1인 15,000원(1식) 정도 추가하여 예산을 잡자.
＊식사 스타일에 따라 매끼 먹을 수도 있고 간편식을 먹거나 간식을 추가할 수 있으므로 본인에
게 맞는 식사 비용을 산출하면 가장 정확하다.

합계(4인 가족 기준)　**339,490원**

차박
장비 선택
가이드

차박 장비 선택의 조건은 '압축성'과 '범용성'이다. 하나의 장비가
여러 기능을 갖고 있으면 챙겨야 할 가짓수를 줄일 수 있다. 부피가
큰 데다 가짓수까지 많으면 숙박 공간이 좁아진다. 확장형 텐트를
이용하면 어느 정도 보완은 되겠지만 텐트 자체가 한 짐이다.
미니멀한 차박의 장점을 살리려면 현명한 장비 선택은 필수다.

기본 중 기본, 바닥 평탄화

바닥 평탄화란 차량 내부에 잠자리를 만들기 위해 바닥을 평평하게 하는 작업이다. 좌석의 등받이를 앞으로 접거나 뒤로 눕힌 후 단차가 생긴 공간을 메워 수평으로 만드는 것이다. 풀 플랫과는 다른 의미이며, 풀 플랫 차량이라고 해도 별도의 평탄화 작업이 필요할 수 있다. 대체로 트렁크 공간을 확장하여 쓸 수 있는 SUV 차량이나 모닝, 스파크 등의 해치백, 왜건 차량은 일반 승용차에 비해 작업이 쉽다.

바닥 평탄화 방법

평탄화에 필요한 차량용 놀이방 매트

차량의 구조에 따라 조금씩 다르지만 대부분의 차박인들에게 사랑받는 장비가 있다. 차량 내부 공간을 효율적으로 꽉 차게 이용하려면 2열 시트 다리 공간을 메워야 하는데, 이때 차량용 놀이방 매트가 매우 유용하다. 1열 시트 머리 받침대에 연결해 고정하고 줄의 길이를 조절하면 높이를 뒷 좌석에 맞출 수 있다. 1열 시트와 2열 시트 사이의 공간을 분리하는 역할은 덤!

> ═══ (CHECK POINT) ═══

풀 플랫 차량이 아니면 어떡하지?!

뒷좌석을 접거나 앞좌석을 뒤쪽으로 눕혔을 때 단차가 생기거나 굴곡진 면 때문에 수평이 맞지 않아 고민이라면 그에 맞는 평탄화 방법을 찾아야 한다. 비교적 단차가 크지 않다면 자충 매트를 깔아보자. 완벽하진 않아도 단차가 완화된 느낌을 받을 수 있다. 단차가 꽤 커서 누웠을 때 엉덩이가 불편하다면 단차가 생기는 부분에 패널이나 이불 등의 물건을 덧댄다. 전문 업체를 이용하면 본인의 차량 구조에 맞게 패널로 제작할 수 있다. 제법 큰 비용이 든다는 게 단점이다.

일반 승용차는 평탄화가 불가능하다고?!

뒷좌석 등받이가 접히지 않는 일반 승용차라도 앞좌석이 뒤쪽으로 젖혀지는 정도가 거의 일자형에 가깝다면 희망이 있다. 보조석 등받이를 일자로 눕히고 수건이나 안 입는 옷가지로 굴곡진 면을 메워준 후 1인용 자충 매트로 마무리하면 완성. 보조석부터 뒷좌석까지 빈틈없이 사용할 수 있어 일반 승용차뿐 아니라 경차 차박에도 자주 쓰이는 방법이다.

편안한 수면을 도와줄 잠자리 매트

매트는 딱딱한 바닥으로부터 우리의 몸을 편안하게 해주고 겨울철에는 한기를 막아 차량 내부 기온을 유지하는 데 도움이 된다. 자충 매트는 자동으로 공기가 충전되는 방식으로 펴고 접기가 편리해 널리 쓰인다. 꿀렁꿀렁한 느낌이 좋다면 공기를 적게 채우고 판판한 게 좋다면 꽉 채운다. 차량용 에어 매트리스는 별도의 펌프로 공기를 주입하는 에어 매트라고도 하는데 단단한 면이 장점이다. 뒷좌석 등받이를 접어도 굴곡진 면이 많다면 에어 매트리스가 답이 될 수 있다. 다만 설치가 번거롭고 부피가 큰 데다 가격이 비싸다. 반면 부피가 작고 가벼워 편리한 발포 매트를 사용하면 공간을 비교적 넓게 사용할 수 있다. 두께가 1cm 미만으로 최소 5cm 이상인 타 종류의 매트에 비해 앉았을 때 거주성이 좋다.

나만의 취향대로 침낭 vs. 이불

침낭과 이불 중 무엇이 차박에 좋을까? 침낭은 야영 전문 용품인 만큼 콤팩트하면서도 우수한 기능을 자랑한다. 접고 펼치기 쉬우며 사용 후 잘 말려주기만 하면 세탁에 신경 쓸 필요 없는 우수한 소재로 나와 관리도 편하다. 그에 비해 이불은 실용성 면에서는 좋은 점수를 받기 힘들다. 일단 부피가 크다. 한겨울이라면 이불 한 장으로는 어림도 없다. 오염에 무방비로 노출되어 사용 후 세탁은 필수다. 그러나 기능성 침낭 구매로 추가 비용을 지불하지 않아도 될 뿐더러 집에서 쓰던 애착 이불은 여행지에서의 낯선 밤을 아늑하게 해준다. 게다가 예쁜 디자인의 이불은 차박에 감성을 더해줄 특별한 아이템이 된다.

길 위의 거실, 도킹 텐트

차량 뒤쪽에 설치하는 확장형 텐트로 휴식을 취하거나 음식을 조리할 목적으로 사용한다. 나만의
공간이 추가로 생겨 거주성이 좋아진다. 단 차박지 선택의 폭이 좁아져 차박의 최대 장점인 간편
함과 기동성을 기대할 수 없다. 실제로 일반 캠핑과 동일한 세팅 및 장비가 요구되므로 과다한 짐
을 감당해야 한다.

간편한 차박 텐트,　　　　차량의 테일게이트에 연결하는 텐트로 트렁크 공간 극대화를 목적으로 설치한다.
카트리퍼 스피드　　　　별도의 펙을 사용하지 않고 차량 거치 방식으로 설치할 수 있어 편리하다.

우리 집은 투룸, 루프톱 텐트

차량 지붕에 장착하는 텐트. 하드톱과 소프트
톱 두 종류가 있다. 각각의 커버가 하드톱은 섬
유강화 플라스틱, 소프트톱은 방수 처리된 천
재질이다. 두 종류 모두 설치가 간편하고 차박
지 선택의 폭이 넓다는 장점이 있다. 차량 한
대로도 성인 4인까지 차박이 가능하다. 다만
수백만 원 이상의 높은 가격과 주행 시 풍절음
증가, 높이 제한 장소로의 진입 불가가 단점이
다. 또한 사다리로 오르내리기 때문에 낙상 사
고의 위험도 있다. 텐트 바닥에 생기는 결로,
소음이나 광해로부터 자유롭지 않다.

피크닉처럼 가볍게, 타프

방수 코팅된 나일론 방수포로 햇볕, 비, 이슬
등을 피하기 위해 사용하는 가림막이다. 자외
선과 빗물을 차단해주고 텐트에 비해 부피가
작고 설치도 수월하다. 그러나 태양의 위치에
따라 방향을 잡아줘야 하고, 바람을 동반한 비
는 막아주지 못한다.

자연에서의 힐링, 릴렉스 체어

지면에서 시트까지의 높이가 낮고 등받이가 뒤로 젖혀져 편안함을 추구한 캠핑 의자다. 부피가 크다는 단점이 있으나 자연을 즐기거나 휴식을 취하고 싶을 때 언제 어디서나 자유롭게 펼쳐 앉을 수 있다.

가벼움과 편안함 사이,
경량형 체어

릴렉스 체어와는 달리 조립형 의자로 가벼운 무게와 패킹 시 부피가 작아 미니멀함을 추구하는 사람들에게 인기 만점이다.

나른한 오후의 낮잠, 해먹

양끝을 기둥에 달아매는 그물 침대로 브라질의 원주민이 해먹이란 나무껍질로 그물을 떠서 나무 사이에 매달고 잔 게 시초라고 한다. 하늘을 보며 편안하게 누울 수 있고 열대 지방을 여행하듯 이국적인 느낌을 받을 수 있다. 물론 사람 체중을 버틸 수 있는 나무 등 매달 곳이 있어야 한다.

스토브

주방 도구 필수 아이템. 휴대용 버너로 스토브에 따라 사용하는 연료가 다르지만, 휴대성이 뛰어
나다는 장점 때문에 부탄가스 스토브가 대중적이다. 차박캠핑을 목적으로 요리에 관심이 많은 사
람이라면 투 버너 제품을 추천한다. 밥과 국을 동시에 조리할 수 있어 편리하다. 이것저것 챙기기
귀찮다면 구이바다를 눈여겨보자. 가스스토브 하나에 전골 팬과 스테인리스 그릴이 들어 있어 별
도의 코펠이나 냄비 없이도 다채로운 음식 조리가 가능하다.

스토브 사용 시
주의사항

- 가스버너 규격에 맞지 않는 불판은 사용하지 않는다.
- 남은 부탄가스는 뚜껑을 닫아서 보관한다.
- 바람의 방향을 확인하고 안전한 위치에서 사용한다.

사용한 부탄가스
버리기

사용한 부탄가스를 그냥 버리면 자칫 큰 사
고로 이어질 수 있다. 다 쓴 부탄가스를 버
리기 전에는 반드시 용기를 뒤집어 구멍을
내준다. 자칫 가스가 새어 나와 몸에 해로
울 수 있으니 조심할 것. 구멍을 낼 때에
는 오프너나 주머니칼을 사용하면 쉽다.

추천 아이템 1
미니 인덕션

차량에 전기 설비를 했거나 유료 캠핑장 등 전기 이용에 자유롭다면 미니 인덕션을
사용해보면 어떨까? 가스스토브와 달리 화기를 직접 다루는 게 아니라 비교적
안전한 조리가 가능하다. 차 안에서 조리하거나 어린 자녀가
있는 가족에게 추천한다. 인덕션을 선택할 때는 소비 전력
이 낮은 제품이 좋다. 참고로 유료 캠핑장의 소비 전력 허용
기준은 600W다.

WRITER'S PICK

장비 선택을 실패하지 않으려면?

'코베아 미니 레트로 올인원 시스템'은 이른바 '1인용 구이바다'라는 별명을 가진 녀석이다. 이거 하
나면 코펠도 냄비도 프라이팬도 필요 없고, 미니라는 이름답게 플라스틱 케이스조차 아담한 사이즈
를 자랑한다. 콤팩트한 데다 여러 기능이 있으니 솔로 차박에 이만한 아이템도
없다. 동급 스토브에 비해 화력이 떨어진다지만 화려한 솜씨를 자랑하며 요리
에 몰두하는 스타일이 아니라면 괜찮은 선택이다. 나는 무엇보다 디자인에 반
했다. 일반 가스스토브 4개를 살 수 있는 비싼 가격임에도 불구하고 지금까지
한 번도 후회한 적 없다. 실패 없는 장비 선택의 열쇠는 바로 자기 자신이 아
닐까. 본인이 원하는 스타일이 무엇인지부터 알아보자. 망설임 없는 선택
과 지속적인 만족감에 대한 답은 거기에 있을 것이다.

코펠

코펠은 야외에서 사용하는 조립식 취사도구로 여러 종류의 냄비가 겹쳐 있어 휴대성이 좋다. 재질에 따라 알루미늄(경질, 연질), 세라믹 코팅, 스테인리스 스틸로 나뉜다. 가장 대중적인 것으로는 알루미늄 소재의 경질 코펠이다.

**코펠이 반드시
필요할까?**

미니멀 차박을 추구한다면 코펠 대신 지름 20cm짜리 웍 하나면 충분하다. 끓이고 튀기고 볶고 굽는 정도는 무난하게 소화할 수 있는 데다 코팅된 소재라 음식이 들러붙지 않아 세척도 간편하다.

추천 아이템 2 👍

차량용 만능 미니 밥솥

막 지은 쌀밥은 깻잎 하나만 있어도 꿀맛이다. 그러나 야외에서 밥 짓는 일은 생각만큼 쉽지 않다. 데워 먹는 햇반도 나쁘지 않지만 휴대용 만능 미니 밥솥이라면 이야기는 달라진다. 쌀과 물을 넣고 취사 버튼을 누르기만 하면 끝. 이외 국 끓이기, 라면 조리, 파스타, 찜, 우유 데우기 등 다양한 조리가 가능하다.

아이스박스

식재료의 신선도를 유지해주는 아이스박스는 하드 타입과 소프트 타입이 있다. 전자는 견고한 박스 타입으로 보냉이 뛰어난데 반해 후자는 접을 수 있어 수납에 유리하지만 보냉력은 떨어진다. 4인 가족의 경우 50L 크기가 적당하다. 아이스박스를 자주 사용하는 편이 아니라면 필요에 따라 캔 맥주 사은품으로 주는 소프트 아이스박스를 사용하는 것도 방법이다.

한여름에도 거뜬!
차량용 냉장고

한여름에 마시는 살얼음 캔 맥주의 청량감은 두 말할 나위가 없다. 차량용 냉장고는 일정한 온도로 식재료를 냉장 보관하는 것은 물론 냉동 기능까지 탁월해 한여름 차박도 두렵지 않다. 단 지나치게 큰 부피와 무게를 감당할 수 있고 차량 내 전기 설비가 되어 있는 차량에 유리하다.

아이스박스

WRITER'S PICK

발상의 전환, 스탠리 어드벤처 워터 저그

차박에 한창 재미를 붙인 지난 여름날, 고심 끝에 스탠리 어드벤처 워터 저그를 들였다. 평소에 물 안 먹기로 소문난 내가 자그마치 7.5L나 되는 물통을 샀다고 하니 지인들은 고개를 절레절레 저었다. 그 물을 언제 다 먹겠냐고. 틀렸다. 나는 물통이 아니라 아이스박스를 산 것이다.

이유는 이렇다. 여름이 다가오니 시원한 음료가 절실했다. 편의점에서 산 음료는 금세 뜨거워지기 일쑤고 가게 하나 없는 노지에서 갈증이 나면 더운물을 들이켜야 했다. 아이스박스를 알아보니 마땅한 게 없었다. 문제는 커다란 부피였는데 부피가 마음에 들면 성능이 좋지 않아 원하는 조건에 딱 맞는 물건을 찾기가 어려웠다. 그러던 중 발견한 제품이 바로 이것이다. 물통으로 사용하기엔 크지만 아이스박스 대용을 찾는 내겐 알맞은 크기였고 결과는 대만족이었다. 솔로 차박에 어울리는 간소한 식재료를 넣어 다니기에 부족함이 없고, 물 나오는 꼭지가 있어 얼음과 물을 듬뿍 넣고 수시로 마시고 쓸 수 있다. 게다가 평소에는 홍차 칵테일, 아이스 펀치 등을 담아 사무실에 온 손님들이 마실 수 있도록 하니 내게는 사계절 유용한 아이템이다. 앞서 언급한 차박 장비 선택의 조건 중 범용성에 해당하는 제품인 것이다. 이렇듯 나만의 니즈와 활용 방법을 찾는다면 남들과 똑같은 장비라도 내게는 꿀 기능 아이템으로 거듭날 수 있다는 점을 기억하자.

화로대

화로대는 '불멍'을 즐기기 좋은 도구다. 바닥에 재가 떨어지지 않고 바람에 불꽃이 날리는 것을 최소화할 수 있다. 2인 이하라면 가성비가 좋은 미니 화로대를, 바비큐를 좋아하는 사람이라면 그에 맞는 크기의 제품을 구입한다. 화로대를 선택할 때는 열변형과 부식에 강한 스테인리스 재질 제품이 좋다. 깊이가 깊으면서 숯 받침이 열에 의해 깨지지 않아야 한다. 또한 접고 펴기 수월하고 마감이 날카롭지 않게 된 것으로 선택한다. 주전자를 올려 끓인 물에 커피를 내리고 숯에다 묻어 둔 고구마를 까 먹는 소소한 즐거움도 놓치지 말자.

화로대 사용 시
주의사항

- 허가되지 않은 곳에서 모닥불, 화로대 사용은 금한다.
- 주변에 가연성 물질, 가스용품은 미리 치워둔다.
- 화로대 받침을 사용해 바닥에 재를 떨어트리지 않는다.
- 장작이 타면서 불똥이 튈 수 있으니 조심한다.
- 화로대 주변에는 물을 충분히 뿌려 화재 예방을 도모한다.
- 화로대에 불이 꺼져도 남은 불씨가 있으니 재가 다 식은 후에 해체 및 이동한다.

모닥불 잘 끄기

불을 끈답시고 무작정 물을 부어버리는 건 좋은 방법이 아니다. 물로 인해 차단된 공기가 열을 받아 갑자기 폭발을 일으키기 때문이다. 이때 뜨거운 물과 재가 사방으로 튀어 화상을 입는 사고로 이어질 수 있다. 장작의 불씨가 모두 사그라진 후 자연 소화가 되도록 기다리는 게 가장 좋은 방법. 급히 불을 꺼야 한다면 박스에 충분히 물을 적신 후 장작을 덮고 그 위에 물을 뿌린다. 충분히 소화되었다면 모두 수거하여 재활용 봉투에 담아 되가져온다.

미니 화로대

기타 주방 도구

지금까지 조리에 필요한 기본 도구들을 대표적으로 살펴보았다면 이번에는 없어도 괜찮지만 있으면 편리한 장비를 알아보자. 식사를 하거나 차를 마실 때 사용하는 캠핑 테이블의 경우 인원수에 따라 적절한 크기로 선택한다. 설거지통은 꼭 필요하진 않지만 막상 설거지할 일이 생기면 어지럽혀진 조리 도구를 한 번에 담아 관리할 수 있어서 편리하다. 칼과 도마, 가위, 집게 역시 있으면 편리한 아이템으로 집에서 사용하던 것들을 가져가면 된다. 칼 대신 가위로, 집게는 젓가락으로 대신하면 짐을 줄일 수 있다.

주방 도구

TIP

주방 도구 관리

설거지를 깔끔하게 끝냈더라도 물기가 남아 있으면 표면이 쉽게 부식된다. 현장에서 세척했더라도 집으로 돌아와서 한 번 더 씻은 다음 깨끗한 물로 충분히 헹궈야 한다. 보관하기 전에는 물기가 완벽히 제거되었는지 반드시 확인할 것. 식기류에 음식 냄새가 남아 있다면 커피 가루를 함께 넣어두면 효과가 좋다. 알루미늄 코펠의 경우 염소 성분인 소금과 상극이므로 특별히 더 신경 써야 하고 찌든 때나 그을린 자국은 물에 충분히 불려 베이킹파우더로 닦으면 손쉽게 없앨 수 있다. 사용한 아이스박스나 냉장고는 내부가 플라스틱 재질이므로 음식물 등의 잡내가 섞여 잘못 보관하면 악취에 시달리게 된다. 아이스박스 안에 물을 가득 채운 후 멸균 소독제를 넣으면 악취를 제거하고 소독까지 할 수 있다.

쾌적한 차박을 위한 장비

차박은 차 안에서 생활하는 것이니만큼 수시로 청결에 신경을 써야 한다. 미니 빗자루는 차량 내부에 쌓인 먼지나 흙을 털어내기 편리하고 '찍찍이' 롤 클리너는 빗자루로 털어낼 수 없는 작은 먼지까지 잡아준다. 유리 닦이는 차 안에 생기는 결로를 방지해 유용하고 차량용 공기청정기는 차 안의 미세먼지를 잡아주어 좋다. 오염 물질 처리에는 물티슈가 정답이다. 진공청소기는 구석진 곳의 먼지까지 제거할 수 있다. 청소용품은 따로 한곳에 모아두기보다 눈에 띄는 자리에 보이도록 두면 수시로 청소하는 데 도움이 된다.

반면 청결이 생명인 주방용품은 한데 모아 캐리 박스(물품 보관 상자)에 넣어 두면 오염을 막고 정리도 깔끔하게 할 수 있다. 확장형 차박 스타일이라 큰 짐이 많다면 지붕에 올리는 루프 박스가 도움이 된다. 자주 사용하지 않는 짐은 루프 박스에 보관하여 평소에도 트렁크 안을 깔끔하게 유지할 수 있다.

캐리 박스

공기청정기

롤 클리너

물티슈

여름엔 필수, 차량용 모기장

여름철에는 날파리와 모기 침입을 막아줄 모기장 설치가 필수다. 인터넷에서 '차량 모기장'을 검색해 차종에 맞는 모기장을 구입하면 되는데 차종에 따라 없을 수도 있다. 그럴 때는 유모차 모기장으로 트렁크 부분을 막아주면 된다. 승합차를 제외한 거의 모든 차량에 사용 가능하다. 창문용은 모기장 원단을 구입하여 창문 크기보다 넓게 재단해 손바느질로 마무리하면 깔끔하다.

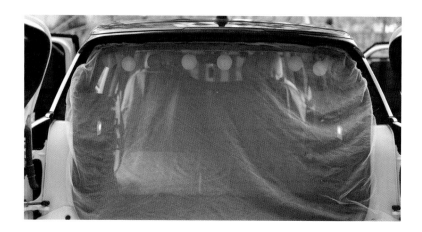

안전을 위한 차량용 소화기

자동차에 화재가 나면 아무리 소규모라도 폐차를 피할 수 없다. 최악의 경우 인명 피해까지 발생할 수 있는 만큼 예방만이 최선이다. 취사를 즐겨하는 캠퍼라면 차량용 소화기는 필수다. 소화기는 반드시 '자동차 겸용'이라는 문구가 적힌 것으로 구입하자. 승용차는 운전석 또는 조수석 아래에, 승합차는 운전석 뒤쪽이나 차량 문 옆 시트 아래에 설치하도록 한다.

차량용 소화기는 대표적으로 분말 소화기, 할로겐 소화기, 폼 소화기 세 종류다. 분말 소화기는 소화력이 탁월하고 사이즈가 다양한 게 장점이지만 분말 때문에 엔진과 부품 등 2차 오염의 우려가 있다. 반면 할로겐 소화기는 기체형으로 2차 오염 걱정은 필요 없다. 그러나 가격이 비싸고 종류에 따라 인체에 해로운 유독 가스를 배출하므로 밀폐 공간에서의 사용은 피하는 게 좋다. 레이싱카에 사용되는 폼 소화기는 거품이 산소를 효과적으로 차단해 소화력이 훌륭하지만 값비싼 게 흠이다.

감성 차박용품

차박에 감성을 더하면 여행의 감동
은 배가 된다. 감성을 돋워주는 최고
의 아이템은 조명이다. 알이 작은 앵
두 전구부터 핑크, 차콜, 블루 등의 은
은한 파스텔톤 색감이 예쁜 코튼볼 전
구와 빈티지 랜턴까지 다양한 조명으
로 특별한 분위기를 조성해보자. 조명
이 로맨틱한 분위기를 낸다면 갈런드
는 아기자기한 분위기의 대명사다. 역
삼각형 모양의 기본형으로 시작해 벚

꽃, 크리스마스 등 계절감 넘치는 특별한 갈런드도 눈여겨봄 직하다. 미니 빔은 아날로그 감성을 더
해줄 또 다른 아이템이다. 준비해온 영화나 영상을 보며 길고 무료한 밤을 알차게 보낼 수 있다.

나만의 차박용품 DIY

'진짜 차박'을 즐기는 사람들은 한눈에 알아볼 수 있다. 차 안이 온통 자신만의 아이템으로 가득 차
있기 때문이다. 이들은 웬만해선 기성품을 사지 않는다. 차량 외부는 남들과 같을지 몰라도 내부
만큼은 자기만의 개성으로 꽉 채운다. 그래서 차박의 세계에는 간단한 물건부터 시작해 전기 설
비까지 직접 시공하는 숨은 실력자가 많다. 그렇게까지 대단하지 않더라도 소소한 용품을 직접
만들어서 쓰는 것도 차박의 또 다른 재미다.

차 안 가림막 만들기 준비물 커다란 종이 박스 2~3개(암막 뽁뽁이, 은박 매트로 대체 가능), 연필, 칼, 가위

1 종이 박스를 일부 잘라 평면으로 만든다.
2 가림막이 필요한 창문의 개수만큼 박스 종이를 크게 자른다.
3 자른 박스 종이를 창문에 대고 창문 크기에 맞춰 연필로 그린다. 창문에 대고
   모양을 잡을 때는 반드시 차의 바깥쪽에서 그릴 것. 안에서 그리면 가림막 크
   기가 작아 완성 후 창문에 붙였을 때 떨어진다.
4 그린 모양대로 박스 종이를 자른다.
5 차량에 탑승해 모양대로 자른 박스 종이를 창문에 붙여 크기가 적당한지
   확인한다.
6 지나치게 크다면 조금씩 다듬어가며 모양을 잡아준다.
7 박스 종이를 창문에 끼웠을 때 꽉 맞게 들어가면 가림막 완성.
8 나머지 창문도 위의 순서대로 만든다.

가림막 만들기

실내 커튼 만들기

준비물 린넨 등의 천(오래된 옷가지나 홑이불로 대체 가능), 케이블 타이, 고리 나사못, 다목적 로프(낙하산 줄) 6.5mm × 15m, 줄자

1 차량 내부 1열 시트 쪽 전체 너비를 줄자로 잰다.
2 커튼의 길이를 정한다.
3 차량 너비에 맞게 천을 자른 후 바느질로 다목적 로프를 끼워 넣을 공간을 만든다.
4 차량 1열 시트 안전벨트 기준 원하는 높이를 찾아 양쪽에 같은 높이로 고리 나사못을 꽂는다.
5 커튼에 끼운 로프의 양끝을 고리 나사못에 연결한 후 단단히 고정한다.
6 1열 시트와 2열 시트 공간을 구분하는 실내 커튼 완성
7 커튼에 주름을 잡고 싶다면 커튼의 너비를 차량 너비의 2~3배 넓게 잘라 만든다.
8 스크래치에 민감하다면 고리 나사못 대신 일반 커튼 핀을 사용하는 것도 방법이다. 커튼 핀은 인터넷이나 마트에서 구입할 수 있다.

패널로 다용도 테이블 만들기

러기지 스크린Luggage Screen은 SUV, 왜건, 해치백 차량의 트렁크에 설치된 가림막이다. 차박 시에는 거주성을 높이기 위해 대체로 떼어내는 사람들이 많다. 본의 아니게 애물단지로 전락해 창고 신세를 면치 못하는 경우가 허다하다. 그러나 스텔스 차박을 지향한다면 테이블로 사용하기 좋다. 핸드폰, 차키, 생수병이나 물티슈처럼 자잘한 물건을 한곳에 모아 올려두기 쉬울 뿐더러 아이패드로 영화를 보거나 책을 읽을 때 편리하다.

문제는 재질이다. 러기지 스크린은 트렁크에 싣는 짐의 크기에 따라 자유롭게 펼쳤다 접었다 할 수 있는 바 형태와 플라스틱 재질 두 가지가 있다. 플라스틱 재질은 크게 상관없지만 바 형태는 스크린이 PVC 소재로 되어 있어 테이블로 쓰기엔 무리가 있다. 이럴 때 나무로 만든 패널은 훌륭한 대안이 되어 준다. 러기지 스크린이 들어갈 자리에 나무 패널을 얹기만 하면 깔끔하고 멋진 다용도 테이블이 완성된다. 나무 패널은 목공방에서 직접 주문 제작할 수 있다. 나무의 재질에 따라 가격은 천차만별. 가능하면 직접 가서 나무를 보고 결정하는 것을 추천한다.

Chapter
3

차박캠핑
실전편

실전 차박 Q&A

차박에 도전하기로 마음을 굳혔다면 성공적인 첫 차박을 기대하는 것은 당연한 일이다.
그러나 직접 떠나보기 전에는 좀처럼 준비하는 게 쉽지 않다. 그래서 준비했다.
주 1회 이상, 연평균 32회, 연 주행거리 40,000km에 달하는 현장 경험과
유튜브 채널을 통해 구독자들과 소통하며 얻은 실전 차박 노하우 대공개!

Q

차박지에도
명당이 있나요?

차박지 선택 노하우

차박의 특성상 본인이 좋으면 그곳이 명당이죠. 그래도 차박 명당이 있긴 하답니다. 첫째는 물 사용이 자유로운 곳, 둘째는 그늘이 있는 곳, 셋째는 주변에 편의시설이 있는 곳입니다. 적어도 화장실 사용과 간단한 세수나 양치질 정도를 해결할 수 있을 만큼 물 사용에 어려움이 없어야 합니다. 한겨울을 제외하면 뜨거운 볕에서 자유로울 수 없습니다. 그늘 하나 없는 곳에 주차한 차량의 내부 온도 상승은 상상을 초월합니다. 차량 내부 적정 기온을 유지하여 안전한 차박을 즐기기 위해서는 솔밭, 숲 속, 나무 아래, 다리 밑 등 그늘에 자리를 잡는 게 좋습니다. 주변에 마트나 약국 등이 있어도 좋아요. 물건이나 식재료를 다 챙기지 못했다면 현장에서 쉽게 구할 수 있기 때문입니다.

Q

차박지에 화장실이
없을 땐 어떡하나요?

차박 화장실 가기 노하우

화장실이 없다면 여간 불편한 게 아닙니다. 어떤 면에선 자연과 가까워질수록 편리함은 멀어질 수밖에 없는 것 같습니다. 하지만 불편함을 자청하면서도 꼭 머물고 싶은 곳이 있다면 방법을 찾아야죠. 마침 시중에 여러 가지 타입의 휴대용 변기를 판매하고 있습니다. 이동식 변기라고도 하죠. 일반 변기를 축소해놓은 듯한 모양에 흡수 응고제를 넣어 사용하는 것으로 악취를 줄이고 쓰레기 배출이 용이하도록 만들어졌습니다. 캠핑카용으로 나오는 제품은 부피는 다소 크지만 비교적 견고한 편이고, 접이식은 견고성은 좀 떨어지지만 휴대성이 좋습니다. 비용을 들이고 싶지 않다면 집에서 사용하지 않는 밀폐용기에 흡수 응고제를 넣어 사용할 수 있답니다.

Q

차 안의 음식 냄새는
어떻게 제거하나요?

음식뿐만 아니라 차 안에서 생활하는 시간이 길수록 여러 가지 생활 냄새가 발생하기 마련입니다. 우선 환기를 수시로 진행하여 찌든 내가 나지 않도록 예방하는 게 최선입니다. 차 안에서 조리할 때에는 요리를 하기 전 냄새가 충분히 빠져나갈 수 있도록 가능한 한 모든 창문을 열어둡니다. 식사를 마치고 정리할 때까지 그 상태를 유지하는 게 좋아요. 세팅했던 잠자리를 정리할 때에도 차량용 진공청소기와 롤 클리너, 물티슈, 살균수를 이용해 구석구석 깔끔하게 청소하는 것은 기본입니다. 청소 전후 충분히 환기시키는 것도 잊지 마시고요.

이미 냄새가 배었다면, 잘 마른 커피 찌꺼기나 베이킹 소다를 차 안 구석구석에 뿌려둔 후 잠깐 산책을 다녀왔다가 청소기로 빨아들이면 도움이 됩니다. 깎은 사과를 하룻밤 놓아두면 악취는 사라지고 향긋함이 남아 1석 2조입니다. 차 안에 신문지를 깔아두는 것도 방법입니다. 연기를 피워 즉각적으로 냄새를 잡는 훈증캔 역시 도움이 됩니다. 개인적으로는 탈취 기능이 있는 차량용 공기청정기를 추천합니다. 운전할 때 잠깐씩만으로는 큰 도움이 되지 않기 때문에 차 안에 없는 동안에도 냄새 제거를 할 수 있도록 24시간 작동시키죠. 다만 이 경우 파워뱅크라는 대용량 배터리가 있어야 합니다.

Q

소형차 공간을 넓게 사용할 수 있나요?

제한된 실내 공간을 넓게 쓰는 방법은 의외로 간단합니다. 짐은 꼭 필요한 만큼만 가져가는 것이죠. 제 경우, 캐리 박스 하나에 매트와 담요를 상시 지참합니다. 여기에 기분에 따라 필요한 장비 꾸러미 정도를 추가로 챙깁니다. 이렇게 단출하면 짐을 밖으로 꺼내놓지 않고도 차 안에서 여유 있는 잠자리를 세팅할 수 있죠. 장비 꾸러미와 소지품 가방은 보조석에 보관하고 매트와 담요를 깐 후 트렁크 쪽에 캐리 박스를 비치하면 끝. 소형차지만 둘이 자도 충분한 공간이 만들어집니다. 숨은 공간을 찾아 이용하는 것도 방법입니다. 원래 스페어타이어가 있던 트렁크 패널 아래에 삼각대, 구급상자, 간이의자, 미니 쓰레받기와 빗자루, 창문 가림막 등 자잘한 것들을 보관합니다. 2열 시트 레그 룸도 활용하기 좋습니다. 해당 공간에 맞는 상자를 구입해 잡다한 물건을 보관합니다. 저는 거기에 파워뱅크와 주행충전기, 카메라 배낭을 두었습니다. 짐을 포기할 수 없다면 돈은 좀 들지만 루프 박스(자동차 지붕 위에 장착하는 짐칸)가 대안이 될 수 있습니다. 짐을 모두 지붕 위로 올릴 수 있어 차 안이 훨씬 넓어지거든요.

TIP

알아두면 유용한 사이트

- **유튜브 채널**
  홍유진TV
- **카페 차박캠핑클럽**
  cafe.naver.com/chcamping
- **카페 오렌지차박캠핑클럽**
  cafe.naver.com/chocam1

알아두면 유용한 애플리케이션

- **대한민국구석구석**
  전국 관광 정보 제공
- **두루누비**
  걷기여행 및 자전거길 길라잡이
- **숲나들e**
  전국 자연휴양림 안내

WRITER'S PICK

길 위의 내 집, '나만의 방' 만들기

낯선 길 위에서 아는 사람 하나 없이 나 홀로 여행을 하다 보면 문득 불안감이 생기기도 한다. 어떤 여행자는 어떻게 여자 혼자 차박캠핑을 다닐 수 있냐며 혀를 내둘렀다. 이게 다 '나만의 방' 덕분이다. 아무리 낯선 곳이라고 해도 익숙한 내 방 안에 있으면 두렵지 않다. 안정된 마음은 편안한 숙면으로 이어져 눈을 뜨면 새로운 아침이 밝아 있을 것이다.

나만의 방은 편안하고 아늑하게 만들어주는 게 핵심이다. 반드시 아기자기하고 예뻐야 할 필요는 없다. 집에서 가져온 애착 이불 하나로도 충분할 수 있다. 평소 좋아하는 것들로 채워진 작은 공간은 그곳이 어디든 편안함을 줄 테니까. 뭔가 부족하다면 은은한 빛이 감도는 작은 조명이나 귀여운 그림이 그려진 차량용 커튼을 달아보자. 코튼볼을 천장에 달면 공간은 한층 아늑하고 사랑스러워진다. 1열과 2열 사이에 공간을 분리하는 커튼을 달면 훨씬 더 비밀스러운 공간이 완성된다. 여행지에서 사온 기념품으로 채워도 좋다. 개인적으로는 그때그때 기분에 따라 인도 우다이푸르에서 사온 태피스트리, 볼리비아에서 산 작은 인형, 영국에서 산 민트색 러그, 하도 오래 사용해 폭신함조차 잃어버린 모로코산 애착 이불, 시카고 출장 때 들여온 보송보송한 실내화 등을 이용한다. 이런 아이템들은 그 존재감만으로 특별한 밤을 만들어준다. 일부러 애쓰지 않아도 여행 분위기가 물씬 느껴지는 밤이 될 것이다.

파워뱅크,
꼭 필요한가요?

결론부터 말씀드리자면, 그렇지 않습니다. 파워뱅크는 야외에서도 전기를 자유롭게 사용할 수 있는 장치임에는 분명하지만 누구에게나 필요한 것은 아니니까요. 제가 파워뱅크를 구입한 이유는 제 차량이 숙박뿐 아니라 움직이는 사무실이기도 하기 때문입니다. 여행 작가라는 직업상 여행 중 업무를 처리해야 하는 경우도 적지 않거든요. 기본적으로 필요한 전기 장비만 해도 DSLR 카메라, 미러리스 카메라, 드론, 액션캠 2개, 스마트폰 3개, 아이패드, 맥북이 있습니다. 차 안에 기본 탑재된 시거 잭이 3개, 멀티 시거 잭을 따로 구입하여 동시에 충전하더라도 차량 기본 배터리만으로는 이 모든 전자기기를 완충하여 사용하기 어렵더라고요. 파워뱅크 구입을 고려하고 있다면, 가장 먼저 본인의 평소 전기 사용량을 확인해야 합니다. 필요한 양에 따라 구입해야 할 파워뱅크의 용량도 달라지기 때문입니다. 그러나 전기 사용량이 많아 반드시 필요한 게 아니라면 굳이 거금의 돈을 들여가며 차박 장비를 늘릴 필요는 없다고 생각합니다.

차박용품 파워뱅크

양날의 검, 파워뱅크의 모든 것!

없어도 되지만 있으면 편리한 아이템이 바로 파워뱅크다. 반드시 필요한 게 아니란 걸 알면서도
사야 할 이유를 대려면 10개쯤은 가뿐히 넘는다. 여름에는 더운 노지에서 꽝꽝 얼린 얼음을
바로 먹을 수 있고, 겨울철 영하로 떨어진 냉동 날씨엔 전기 매트와 무시동 히터에 동력을 넣어
반팔 차림에 홑이불만 덮고도 숙면을 취하게 하는 마성의 장비니까.

파워뱅크란?

대용량 휴대용 보조배터리로 전기시
설이 없는 야외에서 주로 사용한다.

ⓒ에코파워팩

파워뱅크의 종류

크게 세 종류로 나뉘며 재질에 따라 납축전지, 리튬 이온, 인산철 배터리
가 있다. 납축전지는 일정한 출력으로 장시간 사용 가능하지만 무겁고
해로운 성분이 문제다. 리튬 이온은 에너지 밀도가 높아 부피가 작고 효
율이 좋지만 안전성 문제가 제기되고 있다. 인산철 배터리는 에너지 밀
도가 낮아 부피가 크고 무겁지만 전기 품질이 좋고 비교적 안전하며 수
명이 길어 인기가 많다.

파워뱅크 구입 전 반드시 알아야 할 4가지

1   용도 차박 횟수, 회당 차박 기간

2   용량 본인에게 필요한 전기 사용량 파악 후 그에 맞는 것으로 결정

3   부피와 무게 감당 가능 여부 확인. 추가 장치 시공이 필요할 수 있다.

4   차박 스타일 캠핑이냐 여행이냐에 따라 소비 전력이 달라진다.

TIP

전자기기 1대에 필요한 시간당 소비 전력 예시표

기기	소비전력	기기	소비전력
아이폰	10W	맥북	10W
아이패드	20W	냉장고	20W
카메라	20W	차량용 미니밥솥	20W
액션캠	20W	캠핑용 에어컨	20W
드론	20W	미니 인덕션	50W
전기장판(1인용)	50W		

④

구입 실전 예시

1 **용도** 주 1회, 회당 평균 2일이지만 연 평균 10회 7일 이상의 장기 차박

2 **용량** 1일 소비 전력량×숙박 일수. 1일 소비 전력량 1,080W(전자기기 1대에 필요한 시간당 소비 전력량을 모두 합한 값)

3 **부피와 무게** 소형차량 소유주로 지나치게 부피가 크면 둘 자리가 없음. 5kg 이상의 무게는 지양

4 **차박 스타일** 차박여행. 캠핑보다는 주변을 둘러보며 여행에 더 중점을 두는 스타일

5 **진단** 거의 매주 차박여행을 즐기는 마니아층으로 1일 소비 전력 최대 1,080W가 필요한 경우다. 무게에 예민한 편으로 충전을 위해 매번 차량에서 집까지 직접 운반하는 것을 원치 않는다. 평균 차량 주행 시간이 1일 3시간으로 주행 중 자동 충전이 가능한 주행 충전기를 추가 시공하여 배터리 상시 충전이 가능하게 해야 한다.
   - 선택 파워뱅크 100A(1,280W)+주행충전기 20A(300W)+설치비
   - 견적 약 119만 원

⑤

**나에게 맞는
파워뱅크 업체 찾기**

요즘에는 관련 직종에 종사하지 않는 일반인도 자재를 구입하여 직접 파워뱅크를 제작하는 경우도 있다. 그런 능력자라면 걱정이 없겠으나 '전기에 대해 1도 알지 못하는' 이른바 '전알못'이라면 저렴한 가격보다 더 중요한 걸 놓치지 말아야 한다. 가격에 혹하여 덜컥 비용을 지불했는데 차후 관리가 소홀하다면 낭패다. 지속적인 애프터서비스가 가능하고 초보에게도 상담을 잘 해주는 곳이어야 할 것. 무엇보다 해당 업계에서 입지가 탄탄한 업체가 좋다. 에코파워팩(ecopowerpack.co.kr)은 해당 분야에서 꽤 자리를 잡은 업체로 국내에서 모든 제품을 생산, 제조하며 서울에 본사를 두고 있다. 수아네파워뱅크(blog.naver.com/chair2110)는 중국산 자재를 사용해 가성비가 좋은 물건으로 인기가 있다.

⑥

**파워뱅크 구입 시
주의할 점**

파워뱅크는 대용량 하나로 구입하자. 소비 전력량을 계산할 때 많이 필요하지 않을 것 같아서 용량이 작은 것을 구입했다가 나중에 비슷한 용량을 추가로 구입하는 이들이 더러 있다. 전기는 사람에 따라, 방법에 따라 사용량이 천차만별이지만 이것만 기억하자. 전기의 세계에 한번 발을 들이면, 전기 사용량은 늘면 늘었지 결코 줄진 않는다. 참고로, 파워뱅크 시공 후 보험사에 특약을 신청했더라도 보험사에 따라 사고 시 보험 처리 대상에서 제외될 수 있다.

차박 가서 뭐 먹지?

먹는 즐거움은 여행이 주는 가장 행복한 요소 중 하나다. 입에 맞지 않는 음식을 먹거나
주린 배를 잡고 일정을 강행하면 여행의 즐거움은커녕 두 번 다시 가고 싶지 않다.
여행지의 명물 음식을 사 먹는 것도 좋지만 차박의 취지에 맞는 간단한 음식 위주로,
확장형 차박은 물론 스텔스 모드로 차 안에서 조리 가능한 메뉴를 소개한다.

차박 음식의 조건

차박의 매력은 무궁무진하지만 많은 사람들은 기동성과 편의성을 첫 번째로 꼽는다. 음식도 마찬가지다. 거나하게 차려 먹는 음식도 좋지만 그렇게 일이 커지면 오토캠핑과의 경계가 모호해진다. 차박의 취지에 맞게 가벼우면서도 힘을 얻을 수 있는 건강한 한 끼를 만드는 게 핵심이다. 그 조건은 ❶조리의 간편성, ❷화기 사용의 최소화, ❸쓰레기 배출의 최소화를 들 수 있다.

물 사용이 자유롭지 않은 야외일수록 조리 과정은 간단해야 한다. 손질이 필요한 식자재는 집에서 미리 손질해 가져가면 여러모로 도움이 된다. 조리 시간 단축은 물론 양을 필요한 만큼만 가져올 수 있기 때문이다. 손질 과정에서 생기는 식자재 폐기물과 비닐 포장재 등 불필요한 쓰레기가 줄어드니 환경 보호 차원에서도 좋다.

가스스토브에 웍이나 코펠을 사용해 간단한 메뉴로 조리하면 화기 사용을 최소화할 수 있다. 요리를 제대로 하려면 2구 가스스토브가 필요하고, 고기를 구워 먹는다면 화목난로나 화로대까지 동원해야 돼서 일이 커진다. 당연히 차 안에서는 엄두를 낼 수 없고, 확장형 텐트에 야외 테이블을 세울 만큼 넓은 공간을 확보해야 하니 웬만한 노지에서는 삼가야 한다. 이럴 땐 안전시설이 충분히 확보된 유료 캠핑장을 이용하자.

CHECK POINT

요리 후 잊지 말아야 할 것

아름다운 자연을 대대손손 누리기 위해서는 자연을 아끼는 마음이 기본이다. 먹는 데 발생하는 쓰레기는 어쩔 수 없지만 조금만 신경을 쓰면 그 양을 현저히 줄일 수 있다. 환경오염의 주범 일회용품 사용 자제는 필수! 앞서 언급한 바와 같이 식자재는 미리 손질하고, 음식은 필요한 만큼만 준비한다. 집에서 미리 쓰레기봉투를 준비해 가고 본인이 배출한 쓰레기는 본인이 직접 수거해 집으로 가져오는 것이 원칙이다.

아보카도명란덮밥 · 곤드레밥

굴밥 · 콩나물밥 · 삼각김밥

곤드레밥

아보카도명란덮밥

콩나물밥

삼각김밥

카레라이스 · 추억의 도시락 · 스팸마요덮밥

닭고기계란덮밥 · 두부김치 · 김치전

어묵탕 · 냉동만두

추억의 도시락

카레라이스

김치전

snow peak

냉동만두

어묵탕

114

토마토닭가슴살냉채 · 연어말이

연어샐러드 · 카프레제 · 과카몰리

그래놀라 · 오버나이트오트밀

연어샐러드

토마토닭가슴살냉채

snow peak

그래놀라

snow peak

카프레제

오버나이트
오트밀

프렌치토스트 & 우유 · 바나나오트밀죽 & 홍차

햄에그샌드위치 & 커피

낫토덮밥 & 된장국 · 파게란라면

프렌치토스트 & 우유

낫토덮밥

파게란라면

바나나오트밀죽
& 홍차

차박에 감성 한잔

모카포트 에스프레소 · 로열밀크티

뮬드와인(뱅쇼) · 상그리아

뮬드와인

모카포트 에스프레소

상그리아

로열밀크티

차박 장소 선택 노하우

차박은 스타일이 다양하고 개인마다 취향이 다르다 보니 하나의 주제라고 해도
견해 차이를 보이는 경우가 적지 않다. 블로그나 유튜브 영상을 통해 차박지에 대한
다양한 정보를 얻을 수 있지만 초보자들은 그마저도 선택 장애로 이어진다.
첫 차박을 떠나기에 앞서 다음에 소개하는 것들을 기억하면 결정이 쉬워질 것이다.

초심자를 위한
차박지 선택의 조건

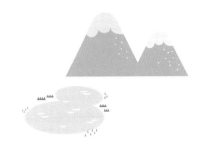

1

차박 형태 선택

차박지를 결정할 때 확장형 텐트 설치 여부는 중요하다. 주차만 할 수 있다면 어디서든 차박이 가능한 스텔스 차박과는 달리 확장형 차박은 장소 선택의 범주가 대폭 줄어든다. 텐트를 사용한다면 야영이 허가된 장소에서만 차박을 할 수 있기 때문. 조건을 충족하는 차박지를 찾더라도 텐트 설치 시 바닥에 펙을 박을 수 있는지 미리 지면의 상태를 확인하는 것도 잊지 말자.

2

화장실 사용 여부

화장실이 가까운 곳으로 정박지를 정한다. 무료 야영장과 해수욕장은 대체로 화장실이 구비되어 있다. 상태가 얼마나 청결한지가 관건이다. 관리가 잘되는 곳은 여름철엔 에어컨, 겨울철엔 온수까지 제공한다. 대체로 유명한 해수욕장은 비교적 깔끔하게 관리되는 편이다. 잘 알려지지 않은 해변은 한적해서 좋지만 청결 상태를 보장하기 어렵다. 화장실을 포기하면 선택지는 넓어진다. 그야말로 그곳이 어디든 차만 세우면 정박지가 되는 것이다. 차박을 어느 정도 다녀본 중급자라면 한 번쯤 도전해보자. 진짜 나만의 차박지를 발견하는 기쁨을 맛볼 차례다.

3

치안 문제 체크

우리나라는 비교적 안전한 편이기 때문에 크게 걱정할 필요는 없다. 그렇더라도 주의를 기울여 정박지를 정하는 게 좋다. 지나치게 외진 곳은 아닌지, 시기에 따라 인적이 드문 곳은 아닌지 꼭 확인하자. 솔로 차박 시에는 각별한 대책이 필요하다. 우선 해가 지기 전에 정박지에 도착하도록 한다. 창문 가림막은 외부에서 내부가 보이지 않도록 차단할 수 있기 때문에 방범 대책으로 유용하며, 한밤중에 화장실을 가는 등 외부 출입을 자제하는 것도 방법이다. 자세한 사항은 P.71 '차박, 안전하게 즐기자!' 참조.

차박지의 분류

차박지의 특성을 알면 원하는 차박지를 찾는 일이 좀 더 쉬워진다. 우선 고려할 수 있는 차박지로 ❶유료 차박지, ❷고속도로 휴게소, ❸무료 차박지 3가지가 있다. 휴양림이나 오토캠핑장과 같은 유료 차박지는 안전하고 편의시설이 잘되어 있어 편하게 차박을 시작할 수 있다. 단 사전에 예약해야 하는 번거로움과 주말에는 자리를 구하기 힘들다는 단점이 있다. 고속도로 휴게소는 안전하면서도 편리함을 추구하는 이들에게 적합하다. 화장실이 대체로 깔끔하고 늦은 밤에도 조명이 어느 정도 밝은 데다 사람들이 계속 드나드니 비교적 안전한 편이라고 할 수 있겠다. 편의점과 식당을 편리하게 이용할 수 있는 것도 장점이다. 안산 시화나래휴게소, 행담도휴게소, 강원 내린천휴게소, 홍천휴게소 등은 즐길 거리와 볼거리가 함께 있어 하루 머물러 갈 차박지(스텔스)로 손색이 없다. 무료 차박지는 기본적으로 야영과 취사가 허가된 산, 들, 강변, 바닷가 등을 말한다. 본인의 조건에 맞는 곳을 찾으려면 초반에는 꽤 발품을 팔아야 한다. 취향에 딱 맞는 곳을 찾았는데 야영이 금지된 곳일 수도 있고 화장실이 없거나 텐트를 칠 수 있는 지면이 아닐 수도 있다.

차박 시 정박 위치 꿀팁

차박지를 정하는 것도 중요하지만 막상 도착하면 그게 전부가 아니라는 걸 알게 된다. 아무리 좋은 차박지라도 위치에 따라 만족도가 달라진다. 우선 모기와 벌레가 극성인 고인물 근처는 피하자. 또한 도로와 농로, 침수 위험이 있는 낮은 지대와 벼랑 근처, 절벽 아래, 급경사 아래쪽도 피해야 한다. 확장형 텐트가 있다면 풀이 없는 지면, 암반, 자갈밭을 공략하자.

=== CHECK POINT ===

차박 시 주의할 점

1 잠자리에 들기 전에는 반드시 실내 외기모드로 설정, 창문은 최소 2cm 열어두기
2 주차 시 반드시 사이드 브레이크 채우기
3 경사진 곳에서는 타이어 받침목 필히 설치
4 사유지 정박 시 반드시 땅주인에게 허락받을 것
5 소화기 지참하기

차박, 야외 활동 시 꼭 알아두기

1 모기약, 구급약 반드시 챙기기
2 살인 진드기 등 벌레 물림 방지를 위한 긴팔, 긴바지 착용
3 야생 생물은 절대 접촉하지 않기
4 허가되지 않은 장소에서 폭죽, 풍등 날리기 금지

동행에 따른 차박지 선택법

누구와 함께 가는지에 따라 적합한 장소를 고르는 것도 중요하다. 가족 여행이라도 어린 자녀가 있다면 갯벌체험이나 물놀이 등을 즐길 수 있는 곳이 좋고 성인 자녀와 부모가 동행하는 여행이라면 아름다운 풍광을 감상하며 도란도란 이야기 나눌 수 있는 정적인 장소가 적합하다. 활동적인 친구와 함께 간다면 다양한 액티비티가 가능한 장소를 선정하고, 한적한 곳에서 둘만의 시간을 보내고 싶은 연인이라면 호젓한 분위기를 즐길 수 있는 곳이 좋겠다. 혼자라도 활동적인 여행을 원한다면 평소의 취미를 접목한 곳으로 차박지를 정해 1석 2조로 즐기자. 나 홀로 차박 초보자는 주변에 놀거리, 볼거리 등 여행의 요소가 많은 곳으로 정하면 시간을 알차게 보낼 수 있어 만족도가 높아질 것이다.

계절을 만끽할 수 있는 차박지 선정

여름휴가 시즌이 되면 대부분의 사람들은 기다렸다는 듯이 바다로 떠나곤 한다. 하지만 여름철 뙤약볕 아래서 습하고 찐득한 바닷바람으로 아침을 맞을 때야 비로소 로망과 현실이 얼마나 다른지 깨닫게 될 것이다. 그럼에도 바다 전망 차박을 포기할 수 없다면, 추천 계절은 가을과 겨울이다. 봄철은 강풍이 자주 불어 자칫 위험한 상황에 처할 수도 있고 자고 일어나면 모래 먼지에 차량이 초토화되기 일쑤다. 한여름은 뜨겁고 습하다. 그렇다면 피서철인 여름엔 어디로 가면 좋을까. 물놀이를 좋아한다면 계곡을, 탁 트인 전망과 긴팔을 챙겨 입어야 할 만큼 시원한 곳을 원한다면 산 정상을 추천한다. 의령 한우산, 태백 바람의 언덕 등은 차량으로 산 정상까지 올라갈 수 있어 차박이 가능하다. 겨울이라면 온통 새하얀 겨울 왕국을 만날 수 있는 곳이 좋겠다. 춘천 소양호, 무주 덕유산에서는 아름다운 모양의 상고대를 만날 수 있다. 평창 대관령양떼목장(대관령휴게소)은 이국적인 설경을 한눈에 담을 수 있어 추천한다. 또 비 내리는 날이면 놓치지 말아야 할 곳이 있다. 기분 좋은 우중 차박을 가능하게 해줄 다리 밑 차박지들. 여주 양섬의 세종대교, 홍천 한덕교가 대표적이다.

나만의 은밀한 차박지 찾기

최근 차박 인구가 폭발적으로 늘어나면서 '차박 성지'는 물론 무료 캠핑장까지
북새통을 이루고 있다. 운 좋게 한 자리 차지하더라도 사람들과 마주치지 않는,
편안하고 조용한 여행을 꿈꾸던 바람은 무산되고 만다. 이런 문제를 해결해줄 만한
나만의 차박지를 찾을 수 있다면 문제는 달라질 것. 지금부터 그 노하우를 공개한다.

SNS 이용해
지역 찜하기

조용하고 특별한 장소를 찾고 싶어도 아무런 정보가 없는 상태에서 무작정 찾아 헤맬 수는 없는 일. 먼저 각종 SNS를 이용해 마음에 드는 장소를 알아보자. 잘 알려지지 않은 노지 차박을 목표로 한다면 키워드를 구체적으로 선택한다. #노지캠핑 #산정상차박 #강변노지캠핑 #홍천노지캠핑 등 원하는 바를 검색어로 넣는다. 마음에 드는 곳을 발견했다면 다음 단계로 넘어간다.

2
단서 찾기

유튜브, 인스타그램, 포털 사이트, 밴드, 페이스북, 카페 등을 넘나들며 마음에 드는 곳을 발견했더라도 진짜 한적하고 괜찮은 노지는 정보를 게시한 쪽에서 여러 가지 이유로 공개하지 않을 수 있다. 쪽지나 다이렉트 메시지를 보내 물어보는 게 가장 쉽겠지만 장소를 비공개한 경우 대체로 답변이 오지 않거나 거절 의사를 밝혀오기 십상이다. 그렇다면 직접 단서를 찾아야 한다. 게시글에서 언급한 대략적인 위치 혹은 사진이나 영상에서 스치듯 보인 주변 환경에 주목하자. 맨홀 뚜껑이나 가로등, 쓰레기 분리수거장 등 주변 지형지물을 통해 보이는 지자체 마크로 지역을 알아낼 수도 있다.

3
이미지 검색

단서를 통해 지역과 위치를 대략 알아냈다면 검색 망을 좁혀간다. 구글 이미지 검색을 통해 목표로 하는 곳과 일치하는 이미지를 찾는다. 일치하는 이미지를 찾으면 본문 내용을 꼼꼼히 살피는 등 여러 게시물 검색을 통해서 목적지와 위치 정보를 얻는다. 적어도 두 개 이상의 포털 사이트를 활용하면 더 많은 정보를 얻을 수 있어 도움이 된다.

4
지도 & 로드뷰 확인

네이버맵, 카카오맵, 구글맵 중 어느 것을 선택해도 상관없다. 3가지 모두를 이용해서 최종 위치를 확인하는 것도 좋다. 다만 로드뷰는 촬영된 시기에 따라 정보가 누락되거나 변동될 수 있으니 업데이트 날짜가 최신인 지도로 찾아보는 게 유리하다.

목적지 주차 후
주변을 산책하며
정박 위치 선정

 목적지로 출발   드라이브 즐기기

차박 잠자리 &
코지룸 만들기

자연의 소리   저녁 식사 만들어   가볍게 맥주 혹은
들으며 잠들기   먹으며 힐링하기   커피 한잔 즐기며
                                    일몰 감상하기

입문자를 위한
1박 2일 차박 루틴

차박캠핑 입문자들이 가장 궁금해하는 내용 중 하나다. 도무지 무엇을 해야
알차게 시간을 보낼 수 있을지 고민하는 당신을 위해 제안한다.

일출 감상하며   정박지 주변   아침 식사
홍차 한잔   산책하기   만들어 먹기

느긋하게
자연 속에서
힐링하기

귀가   머문 자리   점심 식사
           깔끔하게 정리하기   만들어 먹기

활동적인 여행자들의 알찬 여행

첫째 날

목적지로 출발

가는 길에
여행지(명소) 방문

목적지 도착 후
주변을 산책하며
정박 위치 선정

차박 잠자리 &
코지룸 만들기

자연의 소리
들으며 잠들기

저녁 식사 만들어
먹으며 휴식하기

가볍게 맥주 혹은 커피 한잔
즐기며 일몰 감상하기

둘째 날

일출 감상하며
홍차 한잔

정박지 주변
산책하기

가벼운 아침 식사 후
미문 자리
깔끔하게 정리하기

귀가

여행지
명물 음식 즐기기

주변 여행지에서 트레킹,
갯벌체험, 등산 등
여행의 즐거움 누리기

대한민국
차박 성지 베스트 10

대한민국 차박지 검색어 순위 상위권 10곳을 한자리에 모았다.
여행자의 발걸음이 끊이지 않는 데에는 다 이유가 있는 법!
아름다운 풍경은 기본이고 머물기 좋은 공간과 주변 편의시설까지
살뜰하게 갖추어 입문자부터 차박 고수들에게까지 사랑받는
장소들이다. 첫 차박지로 어디를 가야 할지 고민이라면 참고해보자.

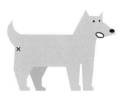

당진 **왜목마을** P.213

일출과 일몰을 동시에 볼 수 있고 주변에 편의
시설이 잘 갖춰져 있다. 차박 입문자부터 장기
차박자들에게까지 두루 사랑받는 곳으로 1년
내내 사람들의 발길이 끊이지 않는다.

충주 **목계솔밭** P.207

충주시에서 운영하는 캠핑장이다. 수도권에서
1시간 남짓 거리로 접근성이 좋고 훌륭한 자
연경관은 물론 바닥에 잔디가 깔려 있어 확장
텐트 설치 시 유리하다.

=≈= CHECK POINT =≈=

해넘이와 해돋이를 동시에! 왜목마을

왜목마을에서는 시기에 따라 해의 위치가 달라진다. 주로 장고항에서 경기 화성시 국화도를 사이에 두고
만나볼 수 있는데, 주요 조망 지점을 알아두면 유리하다. 해돋이는 마을 내 선착장과 오작교, 해넘이는 당
진화력발전소 안 바닷가 쪽 언덕의 석문각이다. 해돋이는 국화도 위로 솟아오르는 7월, 장고항 틈 사이로
떠오르는 1월이 특히 아름답다.

평창 바위공원 P.187

풍력발전소와 아기자기한 구조물 등으로 꾸며져 인기가 많은 육백마지기에서 가까운 차박 포인트로 무료 캠핑장이 자리한다. 편의시설도 잘되어 있다.

강릉 순긋해변 P.201

이곳 공중화장실은 차박하는 사람들 사이에서 청결하기로 소문났다. 바다 전망 차박 성지로 유명했으나 현재는 주차장을 이용한 스텔스 모드만 가능하다.

홍천 모곡밤벌유원지 P.183

강변에 자리해 주변 정취가 좋다. 취사와 야영이 가능한 노지로 24시간 편의점과 화장실은 물론 개수대와 샤워실까지 알차게 갖춘 곳이라 인기가 많다.

여주 달맞이광장 P.171

수도권에서 접근성이 좋고 남한강 정취를 듬뿍 느낄 수 있는 노지다. 주변에 신륵사관광단지가 있고 세종대교 아래는 우중 차박을 즐기려는 차박 마니아들이 즐겨 찾는 명당이다.

강릉 안반데기 P.202

고랭지 배추밭이 드넓게 펼쳐져 있고 언덕 위로 새하얀 풍력발전기가 돌아가는 모습이 이색적이다. 주변에 편의시설 하나 없는 청정 지역으로 차박 시 스텔스 모드만 가능하다.

충주 수주팔봉 P.209

수직 바위와 출렁다리를 바라보며 하룻밤 머물 수 있는 차박 성지다. 사시사철 근사한 풍경으로 사람들의 발길이 끊이지 않는다. 화장실과 개수대 등 편의시설을 갖추고 있다.

태안 몽산포해수욕장 P.217

바다 전망이 가능하면서도 소나무 숲속에 정박할 수 있어 차박지로 훌륭한 조건을 갖추었다. 아름다운 일몰도 감상할 수 있는 덕에 해변 차박의 성지로 불린다.

부산 오랑대공원 P.239

사진작가들에게 사랑받는 일출 포인트로 바다 전망 차박을 할 수 있는 곳이다. 공영주차장을 이용해야 하는데, 야영과 취사를 금지하고 있어 스텔스 모드만 가능하다.

계절별 베스트 차박 성지

자연의 품에서 즐기는 차박의 매력을 느끼고 싶다면 계절별 차박 성지를 놓치지 말자.
시간의 흐름에 따라 변화하는 자연의 매력을 물씬 느낄 수 있는 곳들이 여행자를 기다리고 있다.
초심자들은 몰라서 못 가는, 차박 고수들이 사랑한 계절별 베스트 차박지 개봉박두!

봄

양양 **설악해수욕장** P.198

사계절 서퍼들의 발길이 끊이지 않는 곳으로 바다 전망이 가능하
고 깔끔하게 관리된 화장실이 장점이다. 주말이라면 양양 비치마
켓 구경도 놓치지 말자.

━━━◁ **CHECK POINT** ▷━━━

양양 비치마켓

근사한 바다와 함께 개성만점 직접 만든 수공예품을 만날 수 있는 예술가들
의 장터다. 경기도 양평의 문호리 리버마켓에 뿌리를 두며 도자기, 먹거리,
계절별 지역 특산물 등 볼거리가 많다. 매월 둘째 주 주말에 열리며 시기에
따라 운영 시간에 변동이 있으니 방문 전 홈페이지를 참고하자.
홈페이지 rivermarket.co.kr

여름

강릉 **안반데기** P.202

해발 1,100m 고지대에 위치한 안반데기 마을
은 한여름에도 긴소매를 입어야 할 만큼 시원
하다. 탁 트인 전망과 함께 밤하늘의 은하수도
놓칠 수 없다.

가을

청송 **주산지** P.252

영화 <봄 여름 가을 겨울 그리고 봄> 촬영지
로 아련한 물안개와 호수에 잠긴 고목들의 반
영이 아름다운 곳이다. 특히 알록달록 풍부한
색감을 자랑하는 가을 단풍이 근사하다.

겨울

평창 **대관령양떼목장** P.189

©대관령양떼목장

하얀 겨울여행의 백미, 이국적인 정취가 인상
적이다. 차박 포인트는 대관령양떼목장 초입
에 자리한 대관령휴게소로 화장실, 편의시설,
식당을 두루 갖추었다.

드라이브하기 좋은 길

📍 북한강 드라이브길 P.169

서울춘천고속도로 서종IC에서 청평 방향으로
이어진 도로. 부분적으로 청평호반 드라이브 코스로
불리기도 한다. 북한강 변의 서정적인 정취가
아름답다.

추천 차박지 ▶ 자라섬캠핑장 P.296

경기 가평군 가평읍 자라섬로 60에
위치한다. 사계절 아름다운 곳으로 저렴한 가격에
편의시설을 잘 갖추었다. 차박은 스텔스 차박부터
카라반까지 모두 가능하다. 텐트 설치와 취사 또한
가능하고, 화장실 상태도 양호하다. 공동 취사장,
공동 샤워장이 있다.

📍 옥정호반 드라이브 코스 P.223

'아름다운 한국의 길 100선'에 빛나는 드라이브
코스로 옥정호를 감상하며 곡선으로 이어진 모습이
주목할 만하다. 호수 위로 잔잔하게 피어오르는
새벽녘 물안개가 멋있다.

추천 차박지 ▶ 국사봉전망대 P.222

운해와 호수가 아름다운 곳으로
전망대에서 옥정호를 한눈에 볼 수 있다. 주차장
내에서 스텔스 차박(텐트·취사·불멍 금지)만
가능하고, 화장실 상태도 양호하다. 수도시설 있음.

백수해안도로 P.228

영광군 백수읍 길용리에서 백암리 석구미 마을까지
이어진 해안도로. 노을이 아름다운 곳으로
백수해안도로 전망대에 오르면 탁 트인 서해가
시원하게 펼쳐진다.

추천 백수대교 주차장
차박지 언택트 여행지로 백수대교의
아름다운 야경을 한갓지게 즐길 수 있다. 주차장
내 스텔스 차박(텐트·취사·불멍 금지)만 가능하고,
화장실과 수도시설도 갖추었다. 내비게이션에
'모래미해수욕장 무료 주차장 입구'를 검색해
찾아가자.

안민고개 드라이브

해발 582m 장복산 산허리에 자리한 약 9km의
고갯길로 창원시 태백동과 안민동을 잇는다. 진해
바다와 시내를 한눈에 감상할 수 있는 만남전망대를
놓치지 말 것.

추천 마창대교 공영주차장
차박지 스텔스 차박(텐트·취사·불멍 금지)만
가능하고, 화장실이 양호하며 수도시설도 갖추었다.
내비게이션에 '귀산동마을 공영주차장'을 검색해
찾아가면 된다.

신창~용수 해안도로 P.267

바다 한가운데 돌아가는 거대한 풍력발전기가
이국적인 풍경을 자아내는 곳. 신창교차로부터
용수리 방사탑까지 이어진다.

추천 싱계물공원 P.266
차박지 신창~용수 해안도로의 풍경을
감상하기에 가장 훌륭한 포인트다. 주차장 내에서
스텔스 차박(텐트·취사·불멍 금지)만 가능하고,
화장실이 양호하다. 수도시설은 따로 없다.

차박이 더
즐거워지는여행지

다음에 소개하는 곳은 **추천 차박지**
와 함께 들러보기 좋은 명소들이다.
참고로 추천 차박지는 스텔스 모드
기준이다. 확장형 차박의 경우 해당 기관에 야
영 가능 여부를 반드시 확인하고 불미스러운
일이 생기지 않도록 주의하자.

AREA 1

서울/경기권

수도권 거주자들이 퇴근 후나 주말을 이용해 언제든 수월하게 떠날 수 있어
매력적이다. 거주지 혹은 직장과 비교적 가까운 지역을 골라 가벼운 마음으로
차박 라이프를 즐겨보자.

✦ 대표 추천 차박지

거대한 용암 절벽

임진강
주상절리

임진강과 한탄강이 만나는 합수머리부터 수 킬로미터에 이르는 거대한 절벽이 인상적으로, 2015년 우리나라 일곱 번째 국가지질공원에 지정되었다. 수직으로 뻗어 내린 모습도 그렇지만 거친 절벽 사이로 자란 담쟁이덩굴이 여름이면 싱그러운 초록빛, 가을이면 새빨간 단풍으로 물들어 경이로운 모습을 자아낸다. 평화누리길 임진적벽길 코스에 포함된 장소로 완주까진 아니어도 가벼운 트레킹이 가능하다. 특히 동이리 주상절리 코스모스길은 이름처럼 코스모스를 배경으로 형형색색의 가을과 만날 수 있다.

CHECK POINT

차박여행을 떠나기 전 알아두자!
차박이 대세로 떠오르면서 야영(텐트), 취사, 폭죽놀이, 쓰레기 처리 등을 엄격하게 관리하는 차박지가 늘고 있다. 이전에는 문제없던 차박지라도 별도의 유예 기간 없이 폐쇄되거나 유료화된 곳이 많아졌다. 만약 차박지를 정했다면, 가장 먼저 최근에 폐쇄나 경고 조치된 적이 있는지 꼼꼼히 알아보고 떠나도록 하자.

주소 경기 연천군 미산면 동이리 67-1 일원 • **전화** 031-839-2289(연천군청 관광과) • **시간** 24시간 개방 • **휴무** 없음 • **요금** 무료 • **주차** 무료 • **반려동물** 가능(목줄 착용, 배변 봉투 지참) • **홈페이지** yeoncheon.go.kr/tour

고구려 3대 성에 빛나는

당포성

임진강과 한탄강이 지류와 만나 형성된 대지 위의 강안평지성(江岸平地城)이다. 연천 호로 고루, 연천 은대리성과 함께 고구려 3대 성으로 학술적 가치가 높다. 고구려를 중심으로 한 삼국시대 성곽이며 약 13m 높이의 긴 삼각형 주상절리 절벽 위에 지어져 훌륭한 경치를 자랑한다.

주소 경기 연천군 미산면 동이리 778 • **전화** 031-839-2142(연천군청 문화체육과) • **시간** 24시간 개방 • **휴무** 없음 • **요금** 무료 • **주차** 무료 • **반려동물** 불가 • **홈페이지** yeoncheon.go.kr/tour

고려의 종묘

숭의전

연천의 주요 사적지로 당포성, 임진강 주상절리와 함께 평화누리길 임진적벽길 코스에 있다. 1397년 고려 태조 왕건을 기리는 사당을 건립한 것이 숭의전의 시초다. 이후 조선 왕조가 고려시대 왕들의 위패를 모시고 제사를 지냈다. 매년 10월 첫째 주 주말에 숭의전 고려 문화제가 열린다.

주소 경기 연천군 미산면 숭의전로 382-27 • **전화** 031-835-8428 • **시간** 09:00~18:00 • **휴무** 설·추석 당일 • **요금** 무료 • **주차** 무료 • **반려동물** 외부만 가능(목줄 착용, 배변 봉투 지참) • **홈페이지** yeoncheon. go.kr/tour

화산의 흔적을 찾아 떠나는
한탄강지질공원

📍 추천
차박지

한탄강은 북에서 남으로 흐르는 화산 활동으로 만들어진 주상절리와 폭포 등이 아름다운 현무암 협곡 지역이다. 이곳을 가장 제대로 보고 싶다면 한탄강하늘다리로 가야 한다. 강을 가로지르는 높이 50m, 길이 200m, 폭 2m의 출렁다리로, 투명한 유리 바닥으로 된 스카이워크가 인기다. 발아래로 훤히 내려다보이는 한탄강 풍경을 만끽해보자.

주소 경기 포천시 영북면 대회산리 410-3 • **전화** 031-538-2312 • **시간** 24시간 개방 • **휴무** 없음 • **요금** 무료 • **주차** 무료 • **반려동물** 가능(목줄 착용, 배변 봉투 지참) • **홈페이지** www.hantangeopark.kr

자연의 경이로움을 만나는 트레킹
한탄강 벼룻길

벼룻길은 '강이나 바닷가로 통하는 벼랑길'을 뜻하는 순우리말이다. 한탄강 벼룻길은 자연이 만든 아름다운 협곡, 기암괴석과 폭포를 잇는 트레일로 부담 없이 걷기 좋은 한탄강 주상절리길 중 3코스를 가리킨다. 비둘기낭폭포와 하늘다리, 멍우리협곡을 거쳐 도착지인 부소천협곡까지 약 2시간이 소요된다.

주소 경기 포천시 영북면 대회산리 산54 • **전화** 031-538-2312 • **시간** 24시간 개방 • **휴무** 없음 • **요금** 무료 • **주차** 무료 • **반려동물** 가능(목줄 착용, 배변 봉투 지참) • **홈페이지** www.hantangeopark.kr

신비의 물빛

비둘기낭폭포

천연기념물 제537호이다. 숲속에 숨겨져 있던 보석 같은 곳이 우연히 대중들에게 알려지며 길이 생겼고, 이제는 어엿한 한탄강지질공원의 중심이 되었다. 협곡 사이로 동그랗게 파인 폭포와 아래가 훤히 비치는 청록색 물빛이 신비롭다.

주소 경기 포천시 영북면 대회산리 415-2 • **전화** 031-538-2312 • **시간** 6~10월 08:00~19:00, 11~5월 09:00~18:00 • **휴무** 없음 • **요금** 무료 • **주차** 무료 • **반려동물** 가능(목줄 착용, 배변 봉투 지참) • **홈페이지** www.hantangeopark.kr

포천 관광 1번지

산정호수

추천 차박지

농업용수로 공급하기 위해 만든 저수지이며 1977년 국민관광지로 지정되었다. 호수 주변을 두른 산과 함께 어우러진 정취가 매우 근사하다. 무엇보다 궁예의 삶을 주제로 한 궁예 이야기길과 호수를 둘러싸고 있는 5km 남짓한 산책로가 매력적이다.

주소 경기 포천시 영북면 산정호수로411번길 89 • **전화** 031-532-6135 • **시간** 24시간 개방 • **휴무** 없음 • **요금** 무료 • **주차** 소형 2,000원, 중형 5,000원, 대형 10,000원 • **반려동물** 가능(목줄 착용, 배변 봉투 지참) • **홈페이지** www.sjlake.co.kr

DMZ에서 차박을!

임진각
평화누리공원

추천
차박지

임진각관광지는 1972년 조성한 통일 염원 평화 관광지다. 임진각을 비롯해 임진강철교, 자유의 다리, 망배단 등이 자리하여 연간 수백만 명의 방문객이 찾고 있다. 임진각관광지 내에 있는 평화누리공원은 너른 잔디밭에 조성된 복합문화공간이다. 잔디밭에 설치된 '솟대집', '통일 부르기' 등 다채로운 조형물이 인상적이다. 특히 광활하게 펼쳐진 언덕에 심어놓은 색색의 바람개비 '바람의 언덕'이 근사하다.

주소 경기 파주시 문산읍 임진각로 177 • **전화** 031-953-4744(임진각 관광안내소) • **시간** 24시간 개방(시설에 따라 다름) • **휴무** 없음 • **요금** 무료(시설에 따라 다름) • **주차** 소형 2,000원, 중형 3,000원, 대형 5,000원 • **반려동물** 가능(목줄 착용, 배변 봉투 지참) • **홈페이지** tour.paju.go.kr

PLUS 불멍, 취사 등에 자유롭고 싶다면 임진각평화누리캠핑장을 이용하자. 사전 예약은 필수다.
홈페이지 imjingakcamping.co.kr

북한 개성공단이 보여
장산전망대

차를 타고 정상 가까이까지 오를 수 있어 수도권에서 드라이브하며 찾기 좋다. 전망대에 오르면 저 멀리 개성공단, 개성시 외곽, 장군봉, 초평도, 송악산 등을 볼 수 있다. 뉴스로만 보고 듣던 북한의 모습을 멀리서나마 실지로 확인할 수 있는 곳이다.

주소 경기 파주시 문산읍 장산리 산21-3 • **시간** 24시간 개방 • **휴무** 없음 • **요금** 무료 • **주차** 무료 • **반려동물** 가능 (목줄 착용, 배변 봉투 지참)

계절마다 새로운 변신
율곡습지공원

추천
차박지

습지에서 자라는 식물들을 계절에 따라 다양하게 만날 수 있는 공원이다. 청보리, 금계국, 장미, 수련, 루드베키아, 안개꽃, 밤나무꽃 등이 피어나고 원두막과 그네는 포토 존으로 인기다. 매년 9월이면 코스모스축제가 열린다.

주소 경기 파주시 파평면 율곡리 191-3 • **시간** 24시간 개방 • **휴무** 없음 • **요금** 무료 • **주차** 무료 • **반려동물** 가능 (목줄 착용, 배변 봉투 지참)

갈매기를 벗 삼아
반구정

반구정(伴鷗亭)은 '갈매기를 벗 삼는 정자'라는 뜻이다. 황희 정승이 87세의 나이로 18년간 재임하던 영의정을 사임하고 관직에서 물러나 여생을 보낸 곳이라고 한다. 반구정에 오르면 임진강이 한눈에 보이는 절경이 펼쳐진다.

주소 경기 파주시 문산읍 반구정로85번길 3 • **전화** 031-954-2170 • **시간** 3~10월 09:00~18:00, 11~2월 09:00~17:00 • **휴무** 월요일 • **요금** 성인 1,000원, 청소년·어린이 500원 • **주차** 무료 • **반려동물** 불가

탁 트인 리버뷰 차박

행주산성
역사공원

 추천
차박지

행주산성 인근 한강 변에 자리한 곳으로 천천히 산책하며 여유를 만끽하기에 좋다. 강변을 유유히 나르는 철새들을 구경할 수 있고, 무엇보다 사람이 붐비지 않아 한갓지게 시간을 보낼 수 있다. 공원에서부터 쉬엄쉬엄 걸어 행주산성에 오르면 한강 너머 김포 일대까지 시원한 풍경이 펼쳐진다. 산책로가 가파르지 않고 잘 정비되어 있어 아이들과 함께 찾기에도 부족함이 없다. 행주산성 주변에는 유명한 맛집들도 많으니 취향대로 맛있는 음식을 즐겨보자.

주소 경기 고양시 덕양구 행주외동 140-8 · **시간** 24시간 개방 · **휴무** 없음 · **요금** 무료 · **주차** 무료 · **반려동물** 가능 (목줄 착용, 배변 봉투 지참)

행주나루를 걷다
평화누리길
4코스

평화누리길은 DMZ 접경 지역 김포, 고양, 파주, 연천을 잇는 대한민국 최북단 트레일로 총 189km의 길이다. 그중 평화누리길 4코스 행주나루길은 행주산성에서 시작해 일산호수공원에서 마무리하는 코스이며 산과 강, 도시와 농촌마을을 두루 만날 수 있다. 총 11km로 약 3시간이 소요된다.

주소 경기 고양시 덕양구 행주로 15번길 89(행주산성) • **시간** 24시간 개방 • **휴무** 없음 • **요금** 무료 • **주차** 무료(행주산성역사공원) • **반려동물** 가능(목줄 착용, 배변 봉투 지참) • **홈페이지** dmz.ggtour.or.kr

한옥으로 지은
행주성당

110년이 넘는 역사를 자랑하는 아담한 분위기의 한옥 성당이다. 서울/경기 북부권에서 명동성당, 약현성당에 이어 세 번째로 세워졌다. 이곳 성당에 대한 이야기는 100주년 기념관 성모의 집에서 더욱 상세히 알아볼 수 있다.

주소 경기 고양시 덕양구 행주산성로144번길 50 • **전화** 031-974-1728 • **시간** 24시간 개방(내부 별도) • **휴무** 없음 • **요금** 무료 • **주차** 무료 • **반려동물** 외부만 가능(목줄 착용, 배변 봉투 지참) • **홈페이지** cafe.daum.net/haengjucatholic

여행하기 좋은 날
일산호수공원

이곳만큼 다채로운 매력을 가진 공원이 또 있을까? 봄이면 꽃 축제가 열리고, 여름이면 연꽃이 일품이고, 가을이면 자작나무 숲 단풍길이 근사하다. 또 겨울이면 곳곳이 화려한 조명으로 빛나 크리스마스 분위기를 제대로 느낄 수 있다. 화장실문화전시관, 선인장전시관도 빼놓을 수 없는 볼거리다.

주소 경기 고양시 일산동구 호수로 731 • **전화** 031-8075-4347(호수공원 종합안내소) • **시간** 24시간 개방 • **휴무** 없음 • **요금** 무료 • **주차** 5분당 80원 • **반려동물** 가능(목줄 착용, 배변 봉투 지참) • **홈페이지** www.goyang.go.kr/park

오래된 캠핑 성지

함허동천

마니산 계곡을 중심으로 4개의 야영장과 취사장, 샤워장, 족구장, 다목적광장, 놀이마당 등의 시설을 갖추었다. 함허동천은 조선시대 승려였던 함허대사가 '정수사'라는 사찰을 중창하고 수도를 한 곳이라 하여 붙여진 이름이라고 한다. 능선과 계곡길을 따라 등산을 즐겨도 좋다. 코로나19 확진자 급증에 따라 휴장할 수 있으므로 미리 확인해보자.

주소 인천 강화군 화도면 해안남로1196번길 38 · **전화** 032-930-7066 · **시간** 24시간 개방 · **휴무** 없음 · **요금** 무료 · **주차** 무료 · **반려동물** 가능(목줄 착용, 배변 봉투 지참)

 PLUS

함허동천야영장 이용 시에는 입장료 이외에 야영료, 시설 사용료를 따로 내야 한다. 자세한 사항은 홈페이지를 확인하자.
홈페이지 camp.ghss.or.kr

세계 5대 갯벌에 빛나는
동막해수욕장

추천
차박지

강화군의 대표 해변으로 수도권에서 접근성이 좋고 해수욕과 갯벌체험을 동시에 즐길 수 있어 가족 단위 여행객들에게 인기다. 거기에 더해 야영장, 어린이 수영장, 샤워장, 화장실, 주차시설 등 편의시설을 잘 갖추고 있는 것도 장점. 해변 인근으로 난 강화나들길 8코스와 20코스를 따라 걸으며 붉게 물드는 일몰을 감상할 수 있다. 한겨울에는 얼어붙은 바다를 만날 수 있어 이색적이다.

주소 인천 강화군 화도면 해안남로 1481 • **전화** 032-937-4445 • **시간** 24시간 개방 • **휴무** 없음 • **요금** 무료(캠핑장 및 샤워장 별도) • **주차** 공영주차장 최초 30분 600원, 1일 6,000원 • **반려동물** 가능(목줄 착용, 배변 봉투 지참)

갯벌 이야기 품은
강화갯벌센터

철새 도래지이자 갯벌에 대한 모든 자료가 마련되어 있는 곳이다. 어린 자녀를 둔 방문객들에게 추천할 만하다. 강화갯벌 사계절 생태계 모습과 갯벌에서 실제로 서식하는 각종 야생 조류 및 동식물 등을 테마별로 만나보자. 아름다운 바닷길과 만날 수 있는 숲속 산책로도 놓칠 수 없다.

주소 인천 강화군 화도면 해안남로 2293-37 • **전화** 032-930-7064 • **시간** 09:00~18:00 • **휴무** 월요일, 신정, 설·추석 당일 • **요금** 어른 1,500원, 청소년 1,000원, 어린이 800원 • **주차** 무료 • **반려동물** 불가

백만 불짜리 노을
추천
차박지
민머루해수욕장

어류정항과 함께 석모도 대표 여행지로 아름다운 석양을 볼 수 있다. 약 1km 길이의 모래 사장이 펼쳐진 해수욕장은 동쪽으로 근사한 암석들이 자리해 멋진 풍광을 이룬다. 촉촉하고 폭신한 갯벌에서는 여러 가지 갯벌생물들을 관찰하거나 채집할 수 있어 아이들과 함께 찾기 좋다.

주소 인천 강화군 삼산면 어류정길212번길 7-12 • **시간** 24시간 개방 • **휴무** 없음 • **요금** 무료 • **주차** 비수기 무료, 성수기 6,000원 • **반려동물** 가능(목줄 착용, 배변 봉투 지참) • **홈페이지** minmeoru-beach.co.kr

©인천시

인천에서 한강까지
아라뱃길

추천 차박지

아라뱃길은 인천 앞바다에서 한강까지 이어지는 국내 유일의 운하다. 배가 드나들 수 있을만큼 규모가 큰 강이 인상적으로 뱃길을 따라 펼쳐지는 주변 경치가 아름답다. 자전거길이 잘 조성되어 있는 것도 장점이다. 투명한 강화유리 바닥이 아찔한 아라마루전망대, 아스라이 퍼지는 물보라가 인상적인 아라폭포가 대표 볼거리다.

주소 인천 서구 시천동 162(시천가람터) • **시간** 24시간 개방 • **휴무** 없음 • **요금** 무료 • **주차** 무료 • **반려동물** 가능(목줄 착용, 배변 봉투 지참) • **홈페이지** www.kwater.or.kr/giwaterway/ara.do

낚시가 좋은 당신에게
구읍뱃터

영종도에서 월미도를 잇는 배가 출항하는 곳으로 낚시꾼들 사이에서는 익숙한 포인트다. 인근에 수산시장이 있어서 합리적인 가격으로 신선한 회를 즐길 수 있다. 어시장 옆 갓길이나 부두 쪽에 주차 칸이 있고, 바다와 나란히 자리한 노상 공영주차장에 자리를 잡아 조용하게 차박이나 캠핑을 즐길 수 있는 것도 장점이다.

주소 인천 중구 은하수로 12 • **시간** 24시간 개방 • **휴무** 없음 • **요금** 무료 • **주차** 무료 • **반려동물** 가능(목줄 착용, 배변 봉투 지참)

호젓하게 즐기는 서해
왕산해수욕장

추천
차박지

인천 용유도에 자리한 조용하고 호젓한 해변이다. 인근에 있는 을왕리해수욕장과는 달리 차분한 분위기를 느낄 수 있다. 주변 식당과 상가들도 소박하여 번잡한 곳보다 한갓진 분위기를 선호하는 사람들에게 추천할 만하다. 수심이 완만해 아이들과 함께 찾기에도 좋은데, 갯벌에서 조개나 게 등을 잡으며 해루질을 해보자. 이외에도 모터보트, 플라이피시 등 다양한 수상레저를 즐길 수 있다.

주소 인천 중구 을왕동 810-204 • **시간** 24시간 개방 • **휴무** 없음 • **요금** 무료 • **주차** 공영주차장 최초 30분 400원(초과 시 15분당 200원), 1일 4,000원 • **반려동물** 가능(목줄 착용, 배변 봉투 지참)

사랑이 뭐길래

선녀바위
해수욕장

지상에 내려온 한 선녀가 사랑에 빠져 옥황상제의 부름을 거역하자 벼락을 맞고 바위가 되었다는 전설을 품은 해변이다. 실제로 해변에는 기암괴석들이 많은데 그중에서도 유난히 우뚝 솟은 것이 바로 선녀바위이다. KBS 예능프로그램 <슈퍼맨이 돌아왔다>의 '윌벤져스'가 방문해 부쩍 인기가 많아졌다.

주소 인천 중구 을왕동 678-188 • **전화** 032-760-7532 • **시간** 24시간 개방 • **휴무** 없음 • **요금** 무료 • **주차** 무료 • **반려동물** 가능(목줄 착용, 배변 봉투 지참)

일몰이 아름다운
마시안해변

자기부상철도 용유역 바로 앞에 자리한 해변이다. 밀물 때는 백사장이, 썰물 때는 넓은 갯벌이 펼쳐지며 특이한 지형을 자랑한다. 백사장에서는 해수욕을, 갯벌에서는 조개잡이 등의 갯벌체험이 가능하다. 날씨가 좋은 날에는 실미도와 무의도를 배경으로 하늘을 붉게 물들이는 일몰을 놓치지 말 것.

주소 인천 중구 마시란로 118 • **시간** 24시간 개방 • **휴무** 없음 • **요금** 무료 • **주차** 1일 최대 20,000원(갯벌체험 시 무료, 초입의 탐앤탐스 음료 구입 시 2시간 30분 무료) • **반려동물** 가능(목줄 착용, 배변 봉투 지참)

영화 <실미도> 촬영지
실미유원지

추천
차박지

실미도와 실미해수욕장을 품고 있는 곳으로 산림욕, 해수욕, 갯벌체험을 한 번에 즐길 수 있는 바닷가 유원지다. 바닷길이 열리면 굴, 낙지 등을 채취할 수 있어 피서철에는 어린 자녀를 둔 가족 단위의 방문객이 많다. 2019년 4월 개통된 무의대교 덕분에 차량을 통한 접근성도 높아졌다. 맨발로 찰박찰박 바닷가를 거닐거나, 낚싯대를 드리우고 강태공이 되어봐도 좋은 곳. 황금빛으로 빛나는 실미 낙조는 놓치지 말아야 할 볼거리다.

©인천시

주소 인천 중구 큰무리로 99 • **전화** 032-752-4466 • **시간** 평일 08:00~19:00, 주말 08:00~21:00 • **휴무** 없음 • **요금** 입장료(성인) 2,000원, 텐트야영비(당일) 5,000원 • **주차** 3,000원 • **반려동물** 가능(목줄 착용, 배변 봉투 지참)

작지만 즐길 거리 가득한 섬
소무의도

무의도에 딸린 섬이라 하여 예로부터 '떼무리'라고 불린 작은 섬이다. 산과 바다를 동시에 즐길 수 있고 소소한 섬 트레킹 코스도 마련되어 있어 작지만 알찬 여행지다. 낚시 마니아들에게는 광어와 우럭을 잡을 수 있는 포인트이기도 하다. 하루에 두 번 바닷길이 열리면 갯벌체험도 할 수 있다.

주소 인천 중구 무의동 산369 • **전화** 032-760-7133 • **시간** 24시간 개방 • **휴무** 없음 • **요금** 무료 • **주차** 무료 • **반려동물** 가능(목줄 착용, 배변 봉투 지참)

소박해서 더 좋은 섬 트레킹
무의바다누리길

무의도와 소무의도를 잇는 소무의인도교에서 시작해 부처깨미길, 몽여해변길, 명사의 해변길 등 소무의도를 한 바퀴 돌아보는 트레킹 코스다. 작은 정자와 데크 등의 전망 포인트는 이곳에서만 볼 수 있는 인상적인 풍경들을 선사한다. 길이 잘 정비되어 있어 가벼운 운동화를 신어도 무리가 없다. 총길이 2.5km로, 약 1시간이 소요된다.

주소 인천 중구 무의동 산369(소무의인도교 시작점) • **시간** 24시간 개방 • **휴무** 없음 • **요금** 무료 • **주차** 무료 • **반려동물** 가능(목줄 착용, 배변 봉투 지참)

바다 보고 먹방 하고
연안부두

서해 연안의 섬들을 오가는 여객선이 인상적인 곳이다. 이곳이 특별한 이유는 연안부두 주변을 이루는 다양한 볼거리와 먹거리 덕분이다. 인천종합어시장은 다양한 매체에서 여러 차례 다룬 맛집들이 가득하고, 해양광장에는 야외공연장과 물놀이 시설, 음악 분수대 등 볼거리가 많다.

주소 인천 중구 연안부두로 36 · **시간** 24시간 개방 · **휴무** 없음 · **요금** 무료 · **주차** 무료 · **반려동물** 가능(목줄 착용, 배변 봉투 지참)

아날로그 낭만 산책
월미도

섬의 생김새가 반달의 꼬리를 닮았다 하여 지금의 이름이 붙었다. 탁 트인 서해바다와 근사한 낙조를 감상할 수 있는 등대길, 유람선, 문화의 거리가 공존하는 곳이다. 노을과 함께 월미도등대를 배경으로 로맨틱한 산책을 즐기고 싶다면 해 질 녘에 방문하는 것을 추천한다. 여러 가지 놀이기구가 있는 테마파크도 놓치지 말 것.

주소 인천 중구 북성동1가 산1 · **시간** 24시간 개방 · **휴무** 없음 · **요금** 무료 · **주차** 무료 · **반려동물** 가능(목줄 착용, 배변 봉투 지참) · **홈페이지** wolmi-do.co.kr

의외의 일출 명소

소래습지
생태공원

폐염전이었던 곳을 철새 도래지와 습지생물 군락지로 복원한 습지생태공원이다. 3개의 귀여운 풍차가 상징인 이곳은 아이들에게는 갯벌과 염전체험이 즐거운 소금놀이터, 연인들에게는 산책로를 따라 다정한 데이트를 즐길 수 있는 명소다. 가을이면 황금빛으로 물든 갈대숲도 아름답지만 살짝 운해가 피어오르는 일출이 장관이라 이른 아침부터 사진을 찍으려는 방문객들의 발걸음이 이어진다. 공원을 천천히 산책하는 데 약 1시간이 소요된다.

주소 인천 남동구 소래로154번길 77 • **전화** 032-435-7076 • **시간** 04:00~23:00(산책로 및 전시관 별도) • **휴무** 전시관 월요일, 신정 • **요금** 무료 • **주차** 최초 30분 300원 • **반려동물** 가능(목줄 착용, 배변 봉투 지참)

도심 속 습지
안산갈대습지

시화호로 유입되는 지천의 수질 개선을 목적
으로 갈대 등 수생식물을 이용해 하수를 처리
하는 시설물이다. 대규모의 습지생태를 직접
만날 수 있는 곳으로, 습지 사이로 난 산책길을
걷고 철마다 날아드는 다양한 조류를 볼 수 있
다. 어린 자녀와 함께하기 좋은 곳이다.

©안산시 이가형

주소 경기 안산시 상록구 갈대습지로 76 · **전화** 031-
599-9400 · **시간** 3~10월 10:00~18:00, 11~2월
10:00~16:30 · **휴무** 월요일, 설·추석 당일 · **요금** 무
료 · **주차** 무료 · **반려동물** 불가 · **홈페이지** wetland.
ansan.go.kr

©안산시 유필순

아름다운 서해의 일몰 명소

추천
차박지

탄도항

바다 위 3개의 풍력발전기가 이국적인 풍경을
자아낸다. 탄도항 인근의 탄도어항 수산물직
판장에서는 싱싱한 해산물을 저렴하게 판매한
다. 회를 비롯해 바지락칼국수, 해물파전 등을
즐길 수 있다. 물때가 맞으면 탄도바닷길을 건
너 누에섬의 등대전망대에 가보자. 전망대에
오르면 시야가 사방으로 트인 서해의 정취를
듬뿍 느낄 수 있다.

주소 경기 안산시 단원구 선감동 717-5 · **시간** 24시
간 개방 · **휴무** 없음 · **요금** 무료 · **주차** 무료 · **반려동물**
가능(목줄 착용, 배변 봉투 지참)

갯벌의 아름다운 변신

대부바다향기
테마파크

추천
차박지

1994년 시화방조제가 완공되면서 갯벌이었던 곳이 서울 여의도공원의 4.3배 크기에 달하는 수변 공원으로 다시 태어났다. 진입광장, 테마화훼단지, 해안녹음숲, 잔디광장 등의 구역으로 나뉜 공원은 습지 특유의 정서가 매력을 더한다. 특히 1,200 그루의 메타세쿼이아길은 이국적인 정취로 유명하고 해바라기, 백일홍과 코스모스를 비롯해 색색의 꽃들이 피어나는 테마화훼단지는 꼭 들러보자.

주소 경기 안산시 단원구 대부황금로 1480-7 • **시간** 24시간 개방 • **휴무** 없음 • **요금** 무료 • **주차** 무료 • **반려동물** 가능(목줄 착용, 배변 봉투 지참)

개미허리 명품 낙조

대부해솔길 1코스

대부해솔길은 대부도의 해안을 구석구석 돌아
볼 수 있는 산책길로 총 7개 코스로 나누어져
있다. 그중 가장 많은 사람들이 찾는 1코스는
약 11.3km 거리로 대부도 관광안내소에서 시
작해 구봉약수터, 개미허리다리, 낙조전망대,
종현어촌체험마을 등을 지나 돈지섬안길에 이
른다. 특히 개미허리다리를 건너며 만나는 낙
조가 일품이다.

주소 경기 안산시 단원구 대부황금로 1531(대부도
관광안내소) • **전화** 031-481-3059(안산시청 관광
과) • **시간** 24시간 개방 • **휴무** 없음 • **요금** 무료 • **주차**
무료 • **반려동물** 가능(목줄 착용, 배변 봉투 지참) • **홈
페이지** www.haesolgil.kr

©안산시 공분희

바다와 도심이 어우러진 야경 명소

시화호조력발전소

대부도 가는 길목에 들러 바다를 감상하기 좋
은 곳으로 서해안 인기 드라이브 코스 중 하나
다. 25층 높이의 달전망대에는 스카이워크가
설치되어 있다. 무엇보다 바다 위로 드넓게 펼
쳐진 도심 속 공장 야경은 여기서만 볼 수 있
는 특별한 풍경으로 이국적인 매력이 듬뿍 느
껴진다.

주소 경기 안산시 단원구 대부황금로 1927(달전망
대) • **전화** 032-885-7530 • **시간** 24시간 개방(달
전망대 10:00~22:00) • **휴무** 없음 • **요금** 무료 • **주
차** 무료 • **반려동물** 가능(목줄 착용, 배변 봉투 지참),
달전망대 입장 불가 • **홈페이지** www.kwater.or.kr/
website/tlight.do

©인천시

나만의 해변을 찾아서

십리포해수욕장

300여 그루의 소사나무숲, 왕모래 그리고 자갈이 인상적인 해변이다. 영흥대교가 세워지기 전에는 배를 타고 들어가야 했으나 이제 자동차로도 수월하게 다닐 수 있어 접근성이 좋다. 다른 해변과 비교해 덜 알려져 있어 한갓지게 시간을 보낼 수 있다. 해안에 설치된 산책로를 따라 거닐거나 스피드보트, 갯벌체험 등도 가능하다.

주소 인천 옹진군 영흥면 영흥북로 420-26 • **전화** 032-886-6717 • **시간** 24시간 개방 • **휴무** 없음 • **요금** 무료 • **주차** 최초 30분 1,000원, 1일 10,000원 • **반려동물** 불가 • **홈페이지** www.simnipo.com

©인천시

일몰과 함께 환상 드라이브

장경리해수욕장

추천
차박지

인천 앞바다에서 백령도 다음으로 큰 섬인 영흥도에 자리한 해변이다. 약 1.5km에 이르는 백사장과 1만 평이 넘는 노송지대가 돋보인다. 서해바다답게 넓은 수평선 위로 찬란하게 펼쳐지는 낙조가 환상이다. 넓은 노송지대는 캠핑장으로도 손색이 없다. 선재도 목섬과 함께 드라이브 코스로 좋은 곳이다.

주소 인천 옹진군 영흥면 영흥로757번길 6 • **전화** 032-886-5677 • **시간** 24시간 개방 • **휴무** 없음 • **요금** 무료 • **주차** 최초 30분 1,000원, 1일 10,000원 • **반려동물** 불가 • **홈페이지** www.janggyeongni.com

©인천시

©인천시

육지가 되어버린 섬
어섬비행장

추천
차박지

물고기가 풍성하게 많다고 하여 '어섬'이라 불렸지만 1994년, 인근에 시화방조제가 생기고 바다를 막으면서 육지에 솟은 언덕이 되었다. 초원 위 언덕이 된 어섬은 삘기(띠풀)가 숲을 이루어 은빛으로 반짝인다. 패러글라이딩, 드론 레이싱, 초경량 비행기 훈련장 등 레포츠 성지로 이름을 날렸으나, 지금은 조용한 곳을 찾는 캠퍼들과 이국적인 풍경을 담으려는 사진가들이 간간이 찾고 있다. 참고로 폐경비행기가 자리한 곳은 마을에서 어섬비행장으로 진입하는 초반부에 있다.

주소 경기 화성시 송산면 고포리 일원 • **시간** 24시간 개방 • **휴무** 없음 • **요금** 무료 • **주차** 무료 • **반려동물** 가능(목줄 착용, 배변 봉투 지참)

162

PLUS

제부도갯벌체험장
다른 갯벌에 비해 특히 부드럽고 깊게 빠지지 않아 비
교적 자유롭게 체험을 즐길 수 있다. 바지락, 게, 작지
등을 채취해보자.
주소 경기 화성시 서신면 해안길 214 • **요금** 호미 대
여 1,000원, 장화 대여 3,000원 • **주차** 공영주차장
최초 5시간 1,000원, 10시간 2,000원, 1일 3,000원

모세의 기적

제부도

추천
차박지

하루에 두 번 바다가 갈라지며 길이 생기는 한국판 '모세의 기
적'을 만날 수 있는 곳이다. 바지락, 고동, 낙지, 게, 망둑어 등 다
양한 어종 채집이 가능해 가족 단위 방문객이 즐겨 찾는다. 바
닷길이 열리는 시간은 매일 조금씩 다르므로 방문 전 미리 물때
를 확인하자.

주소 경기 화성시 서신면 해안길 214 • **전화** 031-355-3924(제부도 관리사무소) • **시간** 24시간 개방 • **휴무** 없
음 • **요금** 무료 • **주차** 공영주차장 최초 5시간 1,000원, 10시간 2,000원, 1일 3,000원 • **반려동물** 가능(목줄 착
용, 배변 봉투 지참) • **홈페이지** jeburi.seantour.com

물안개 아스라이

팔당
물안개공원

수도권 시민들의 식수원을 책임지는 팔당호에 자리해 근사한 일몰 풍광을 자아낸다. 이름처럼 아득하게 피어오르는 새벽녘 물안개도 장관이다. 주변 도로가 아름답게 정비되어 있어 자전거와 드라이브를 즐기려는 사람들이 즐겨 찾는다. 어른도 탑승 가능한 클래식 전동카를 타고 너른 공원 부지를 달려보자.

주소 경기 광주시 남종면 귀여리 596 • **시간** 24시간 개방 • **휴무** 없음 • **요금** 무료 • **주차** 무료 • **반려동물** 가능(목줄 착용, 배변 봉투 지참)

팔당호를 한눈에

팔당전망대

경기도 수자원본부 9층에 자리한 팔당전망대는 시야를 가리는 장애물 없이 탁 트인 전망을 자랑한다. 팔당호는 물론이고 맑은 날에는 팔당댐과 예봉산까지 선명하게 볼 수 있다. '노을 맛집'으로 소문난 만큼 해 질 녘 방문을 추천한다. 단 코로나19로 인해 현재 무기한 휴관 중이다.

주소 경기 광주시 남종면 산수로 1692 • **전화** 031-8008-6915(팔당수질개선본부) • **시간** 09:00~18:00 • **휴무** 신정, 설날·추석 당일 • **요금** 무료 • **주차** 무료 • **반려동물** 불가

팔당호를 내밀하게 즐기는 방법
다산생태공원

연인들이 자주 찾는 데에는 이유가 있는 법. 이곳은 생태·역사·문화가 공존하는 수변 공원으로 호수의 정취를 즐기며 천천히 산책하기 좋다. 물에 비친 달을 감상할 수 있는 수월정과, 팔당호 전경은 물론 소내섬도 볼 수 있는 소내나루전망대를 놓치지 말자. 정약용 선생의 생애와 업적에 대한 내용도 곳곳에 자리한다.

주소 경기 남양주시 조안면 다산로 767 • **전화** 031-590-8634 • **시간** 24시간 개방 • **휴무** 없음 • **요금** 무료 • **주차** 무료 • **반려동물** 가능(목줄 착용, 배변 봉투 지참)

아날로그 감성 포토 존
능내역(폐역)

다산생태공원과 함께 남양주 드라이브 코스로 빼놓을 수 없는 곳이다. 1956년 남양주 중앙선의 간이역으로 시작했으나 2008년 폐역이 되었다. 이제는 그 시절 많은 이들의 추억과 애환, 그리움을 품은 공간으로 남아 레트로 감성이 물씬 풍기는 포토 존으로 인기를 끌고 있다. 역 앞에 남한강 자전거길도 지난다.

주소 경기 남양주시 조안면 다산로 566-5 • **시간** 24시간 개방 • **휴무** 없음 • **요금** 무료 • **주차** 무료 • **반려동물** 가능(목줄 착용, 배변 봉투 지참)

PLUS **두물머리 물래길**
양평군 두물머리 일대 강변을 따라 조성된 산책로로 양
수역에서 시작해 용담꽃길, 세미원, 두물머리, 양수리생
태공원까지 이어져 두물머리의 대표 여행지를 두루 볼
수 있다. 물래길이란 우리말 '물' 자와 한자 '올 래(來)' 자
의 합성어로 '물 따라 온다'라는 의미다.

물안개꽃이 피었습니다
두물머리

추천
차박지

두물머리의 새벽은 그 어떤 곳보다 분주하다. 황포돛배 사이로
떠오르는 일출과 아스라이 피어오르는 물안개를 카메라에 담
으려는 사람들이 모여들기 때문이다. 이 아름다운 경관은 '한국
관광 100선'에 선정되었을 뿐 아니라 여러 드라마, 영화, CF에
등장하며 매년 관광객이 증가하고 있다. 두물머리는 한강과 북
한강이 만나는 지점으로 두 강물이 만나는 곳이라 하여 지금의
이름이 붙었다. 물안개가 피어오르는 사진 촬영을 위해서는 사
계절 중 가을, 낮보다는 일출 전 새벽에 방문해야 한다.

주소 경기 양평군 양서면 양수리 770-1 • **전화** 031-770-3101(양서면 총무팀) • **시간** 24시간 개방 • **휴무** 없
음 • **요금** 무료 • **주차** 3,000원, 공영주차장 무료 • **반려동물** 가능(목줄 착용, 배변 봉투 지참)

여름이 즐거워지는 꽃과 물의 정원
세미원

세미원의 어원은 '물을 보며 마음을 씻고 꽃을 보며 마음을 아름답게 하라'는 의미로 2004년 두물머리 부지에 문을 열었다. 270여 종의 식물을 보유한 가운데 수생식물인 연꽃이 대표적이다. 매년 여름이면 연꽃문화제를 열어 주말 플리마켓, 토요음악회, 자개공예체험 등 다채로운 프로그램을 마련하고 있다.

주소 경기 양평군 양서면 양수로 93 • **전화** 031-775-1835 • **시간** 6~8월 09:00~20:00, 9~5월 09:00~18:00 • **휴무** 9~5월의 월요일 • **요금** 성인 5,000원, 청소년·어린이·65세 이상 3,000원 • **주차** 공영주차장 무료 • **반려동물** 불가 • **홈페이지** www.semiwon.or.kr

꿈꾸는 사람들의 축제
문호리 리버마켓

문호리 강변에서는 매월 셋째 주 주말에 축제가 열린다. 직접 재배한 유기농 농산물을 비롯해 가죽공예, 목공예품, 도자기, 푸드트럭 등 저마다의 꿈을 담은 다채로운 상품들이 가득하다. 신나는 장터 구경을 하다 보면 시간 가는 줄도 모른다. 현재 양양, 자라섬, 철원 등에서 확장 운영되고 있다.

주소 경기 양평군 서종면 북한강로 941 • **전화** 010-5267-2768 • **시간** 매월 셋째 주 주말 10:00~19:00 • **휴무** 주중 • **요금** 무료 • **주차** 무료 • **반려동물** 가능(목줄 착용, 배변 봉투 지참) • **홈페이지** rivermarket.co.kr

추천
차박지

MT성지에서 차박성지로

대성리
국민관광지

수도권에서 가까운 이곳은 경춘선 대성리역 인근의 북한강 변에 조성된 유원지로 대학생들의 오랜 MT 명소다. 봄이면 수백 그루의 벚나무가 터트린 꽃망울로 황홀경을 연출하고, 여름이면 눈부신 신록이 아름다워 최근에는 차박 명소로도 거듭나고 있다.

주소 경기 가평군 청평면 대성강변길 44 • **전화** 031-584-0088 • **시간** 24시간 개방 • **휴무** 없음 • **요금** 성인 1,000원, 청소년 800원, 어린이 500원 • **주차** 무료 • **반려동물** 가능(목줄 착용, 배변 봉투 지참)

벚꽃 엔딩

삼회리 벚꽃길

신청평대교 삼거리부터 삼회1리 마을회관까지 이어진 약 4.5km 구간의 벚꽃 터널이다. 경기도 가평의 대표적인 드라이브 명소이기도 하다. 벚꽃뿐 아니라 개나리와 진달래가 함께 어우러진 구간도 있어 색색이 아름다운 봄날의 풍경을 만날 수 있다. 시원하게 흐르는 북한강과 더불어 핑크빛 드라이브를 즐길 수 있는 길이다.

주소 경기 가평군 청평면 삼회리 신청평대교 삼거리 • **시간** 24시간 개방 • **휴무** 없음 • **요금** 무료 • **주차** 무료 • **반려동물** 가능(목줄 착용, 배변 봉투 지참)

한국의 인터라켄
북한강 드라이브길

서울춘천고속도로 서종IC에서 청평 방향으로
이어진 도로다. 신청평대교를 지나 청평호, 자
라섬까지 북한강을 따라 펼쳐지는 서정적인 풍
광이 눈길을 끈다. 시종일관 북한강과 나란히
달리며 산과 물이 그려낸 그림 같은 정취를 즐
길 수 있어 드라이브뿐 아니라 바이크와 자전
거 마니아들도 즐겨 찾는다. 봄이면 벚꽃, 가을
이면 단풍이 매력적이고 주변에 자리한 스위스
테마파크와 쁘띠프랑스 등을 둘러볼 수 있다.

주소 경기 양평군 서종면 수입리 서종IC • 시간 24시
간 개방 • 휴무 없음 • 요금 무료 • 주차 무료 • 반려동물
가능(목줄 착용, 배변 봉투 지참)

민물낚시와 물놀이 성지
광탄리유원지

남한강의 지류인 흑천을 거슬러 오르다 보면
만나게 된다. 민물낚시와 물놀이를 즐기기 좋
고, 공중화장실과 개수대 등도 잘 마련되어 있
다. 수질이 깨끗한 편인 데다가 성수기에는 안
전요원도 배치되어 안심이다. 게다가 무료로
구명조끼를 빌릴 수 있어 물놀이에 최적의 장
소다. 현재 코로나19로 폐쇄 중이다.

주소 경기 양평군 용문면 광탄리 산7 • 시간 24시간
개방 • 휴무 없음 • 요금 성인 2,000원, 어린이 1,000
원 • 주차 무료 • 반려동물 가능(목줄 착용, 배변 봉투
지참)

단풍이 아름다운
용문사

우리나라에서 가장 큰 은행나무(천연기념물 제30호)가 있는 곳이다. 사찰 입구부터 용문사까지는 왕복 1시간 정도가 소요되며 푸른 신록과 시원한 계곡을 느끼며 산책하기 좋다. 입구 쪽에 자리한 토속음식마을에서는 도토리묵, 순두부, 산채정식 등을 맛볼 수 있다.

주소 경기 양평군 용문면 용문산로 782 • **전화** 031-773-3797 • **시간** 일출~일몰 • **휴무** 없음 • **요금** 성인 2,500원, 청소년 1,700원, 어린이 1,000원 • **주차** 경차 1,000원, 소형 3,000원, 중대형 5,000원(용문산관광단지 통합 주차비) • **반려동물** 외부만 가능(목줄 착용, 배변 봉투 지참) • **홈페이지** www.yongmunsa.biz

응답하라 1994
추억의 청춘뮤지엄

용문산관광단지 내 자리한 복고체험미술관으로 7080 레트로 감성이 돋보인다. 1020세대에게는 빈티지 감성을, 4050세대에게는 아련한 추억을 떠올리게 한다. 옛날 교복을 입고 재미있는 인증 사진을 남기기 좋다. 주말에는 다양한 핸드메이드 작품을 만날 수 있는 플리마켓을 구경해보자.

주소 경기 양평군 용문면 용문산로 620 • **전화** 031-775-8907 • **시간** 09:00~18:00 • **휴무** 없음 • **요금** 성인 8,000원, 청소년 이하 6,000원 • **주차** 용문산관광단지 통합 • **반려동물** 불가 • **홈페이지** www.retromuseum.co.kr

강변의 화원
들꽃수목원

남한강을 따라 길게 이어진 이곳은 강변 특유의 정서와 다양한 꽃들의 아름다움을 동시에 만날 수 있다. 잔디광장에서 피크닉을 즐길 수도 있고 예쁘게 피어 있는 꽃들을 보며 산책을 즐겨도 좋을 터. 서정적인 분위기를 좋아한다면 꼭 들러보자. 한 바퀴 둘러보는 데 1시간 30분 정도 소요된다.

©들꽃수목원

주소 경기 양평군 양평읍 수목원길 16 • **전화** 031-772-1800 • **시간** 4~11월 09:30~18:00, 12~3월 09:30~17:00 • **휴무** 없음 • **요금** 성인 8,000원, 청소년 6,000원, 어린이 5,000원 • **주차** 무료 • **반려동물** 불가 • **홈페이지** www.nemunimo.co.kr

경기도 우중캠핑 성지
양섬지구공원

추천
차박지

여주8경 중 하나로 꼽히는 양섬은 예로부터
풍경이 아름답기로 유명했다. 조선시대 사관
최숙정이 양섬에 내려앉은 기러기의 모습을
시로 노래하기도 했다. 하천환경정비공사의
일환으로 2012년 양섬지구공원으로 정비되
었고 체육시설, 야구장, 요트장, 산책로 등을
갖춰 방문객들의 발길이 끊이지 않는다. 자전
거를 타거나 낚시를 즐기기에도 좋은 곳이다.

주소 경기 여주시 하동 3-112 • **시간** 24시간 개방 •
휴무 없음 • **요금** 무료 • **주차** 무료 • **반려동물** 가능(목줄
착용, 배변 봉투 지참)

은은한 달빛 낭만
달맞이광장

추천
차박지

여주대교 인근에 자리한 노지로 이른 아침 물
안개 피어나는 모습이 아름답다. 특히 밤에는
근사한 야경을 볼 수 있어 차박을 즐기는 이들
도 즐겨 찾는다. 남한강을 사이에 두고 달맞이
광장 맞은편의 영월공원도 계절에 따라 다양
한 꽃이 피어나고 저녁에는 조명이 예뻐 함께
들러볼 만하다.

주소 경기 여주시 신륵사길 6-40 • **시간** 24시간 개
방 • **휴무** 없음 • **요금** 무료 • **주차** 무료 • **반려동물** 가능
(목줄 착용, 배변 봉투 지참)

노란 은행잎의 향연
강천섬유원지

주변 경치가 아름다워 간단한 피크닉이나 나들이를 즐기기에 안성맞춤이다. 특히 가을철 은행잎이 샛노랗게 무르익으면 그 야말로 장관이 따로 없다. 백패킹의 성지로도 유명하였으나 2021년 6월 1일부터 야영, 취사, 낚시 등이 전면 금지되었다.

주소 경기 여주시 강천면 강천리 627 • **시간** 24시간 개방 • **휴무** 없음 • **요금** 무료 • **주차** 무료 • **반려동물** 가능(목줄 착용, 배변 봉투 지참)

남한강이 한눈에

신륵사

평지에 있으면서 강을 끼고 있는 아름다운 사찰이다. 국보급 보물들이 많기로 소문난 곳이지만 차박 마니아들은 아름다운 전망 때문에 즐겨 찾는다. 세종대왕의 묘인 영릉이 여주로 옮겨오면서 조선 왕실은 신륵사를 원찰(죽은 사람의 명복을 빌던 법당)로 삼았다. 물안개, 일출, 달맞이, 아름다운 야경까지 볼 수 있는 종합선물세트 같은 명소다.

주소 경기 여주시 신륵사길 73 · **전화** 031-885-2505 · **시간** 일출~일몰 · **휴무** 없음 · **요금** 성인 3,000원, 청소년 2,200원, 어린이 1,500원 · **주차** 무료 · **반려동물** 불가 · **홈페이지** www.silleuksa.org

농촌체험 종합선물세트

바람새마을

2008년 경기도 녹색농촌체험마을로 선정된 곳이다. 논을 그대로 사용해 만든 논 풀장, 아토피에 좋은 황토 풀장 등에서 여러 가지 체험을 할 수 있어 가족 단위의 방문객이 많다. 가을이면 코스모스와 핑크뮬리가 흐드러지게 피어나 연인 혹은 친구와 함께 찾아봐도 좋다.

주소 경기 평택시 고덕면 새악길 43-62 · **전화** 031-663-5453 · **시간** 24시간 개방 · **휴무** 없음 · **요금** 무료 · **주차** 무료 · **반려동물** 가능(목줄 착용, 배변 봉투 지참) · **홈페이지** baramsae.modoo.at

살랑살랑 나들이 가기 좋은

평택호관광단지

평택호(아산호)는 방조제를 쌓으며 만들어진 인공 호수다. 주변으로 편의시설과 다양한 볼거리가 있어 평택의 대표 관광지로 꼽힌다. 호숫가를 따라 산책하기 좋은 나무데크길이 마련되어 있고 수상레포츠도 즐길 수 있다. 이외 평택호예술관, 모래톱공원 등이 볼만하다.

주소 경기 평택시 현덕면 평택호길 159 · **전화** 031-8024-8687(평택호 관광안내소) · **시간** 24시간 개방 · **휴무** 없음 · **요금** 무료 · **주차** 무료 · **반려동물** 가능 (목줄 착용, 배변 봉투 지참)

소금창고 빈티지 포토 존

갯골생태공원

갯골을 중심으로 펼쳐진 145만 평 정도의 대규모 생태공원이다. 1934년에 조성된 소래염전 지역으로 경기도 유일의 내만 갯골과 아직도 남아 있는 염전의 소금창고는 빈티지한 느낌으로 시선을 사로잡는다. 무엇보다 드라마 <남자친구> 촬영지로 커플들의 발길이 이어지고 있다. 인기 포토 존은 소금창고, 흔들전망대, 사구식물원, 벚꽃터널, 염전체험장 등이다.

주소 경기 시흥시 동서로 287 · **전화** 031-488-6900 · **시간** 24시간 개방 · **휴무** 없음 · **요금** 무료(체험료 별도) · **주차** 1시간 무료(초과 시 매시간 1,000원), 4시간 이상 8,000원 · **반려동물** 가능(목줄 착용, 배변 봉투 지참)

신비로운 호수

고삼저수지

 추천
차박지

영화 <섬>의 무대가 되었던 곳으로 몽환적이고 신비로운 느낌이 인상적이다. 잔잔한 물 위로 떠 있는 수상 좌대와 함께 아스라이 피어오른 물안개가 서정적인 분위기를 만들어낸다. 이곳 수상 좌대는 총총히 뜬 별과 달빛을 벗 삼아 밤낚시의 매력에 빠진 강태공들의 안식처이기도 하다. 육지 속 바다라 불릴 만큼 넓고, 주변에 오염원이 없어 수질이 깨끗한 덕분에 큰 물고기들의 입질이 잦다.

주소 경기 안성시 고삼면 월향리 일원 • **시간** 24시간 개방 • **휴무** 없음 • **요금** 무료 • **주차** 무료 • **반려동물** 가능(목줄 착용, 배변 봉투 지참)

도심 속 초원

안성팜랜드

광활한 꽃밭을 사계절 만나고 싶다면 이곳이 정답이다. 도심에서 쉽게 찾아보기 힘든 그림 같은
초원과 계절별로 릴레이 하듯 피어나는 다채로운 꽃들의 향연은 다수의 드라마, 영화, CF 촬영지
로 주목받게 했다. 아이와 함께라면 체험목장을 놓치지 말자.

주소 경기 안성시 공도읍 대신두길 28 • **전화** 031-8053-7979 • **시간** 2~11월 10:00~18:00, 12~1월
10:00~17:00 • **휴무** 없음 • **요금** 성인 12,000원, 청소년·어린이 10,000원, 36개월 미만 무료(체험 요금 별
도) • **주차** 무료 • **반려동물** 불가 • **홈페이지** www.nhasfarmland.com

모든 날이 좋았다
석남사

tvN 드라마 <도깨비> 촬영지로 더욱 유명해진 사찰이다. 안성 8경 중 하나로 시원한 풍경과 사찰 특유의 고즈넉함이 매력적이다. 무엇보다 산속에 자리한 덕에 사계절로 옷을 갈아입는 아름다운 풍경을 즐기기에 좋은 곳이다. 사찰 내에는 <도깨비> 관련 소품들과 포토 존이 마련되어 있다.

주소 경기 안성시 금광면 상촌새말길 3-120 • **전화** 031-676-1444 • **시간** 24시간 개방 • **휴무** 없음 • **요금** 무료 • **주차** 무료 • **반려동물** 가능(목줄 착용, 배변 봉투 지참)

반려동물과 함께하는
차박여행의 모든 것

반려인 천만시대다. 10명 중 6명은 반려동물과 함께 살고 있다. 그럼에도 여전히 반려동물과 함께할 수 있는 여행 시설과 서비스는 부족하다. 무엇보다 주변의 불편한 시선까지 견뎌야 한다. 그러나 차박은 다르다. 반려동물과 함께할 숙소를 예약하기 위해 추가 요금을 지불해야 할 필요도 없다. 내 차량을 집으로 삼으니 언제 어디서든 함께할 수 있고 갑갑했던 집에서 나와 마음껏 뛰놀게 할 수도 있다. 무엇보다 자연 깊숙이 들어갈 수 있어 타인의 불편한 시선 받을 일 없이 반려동물과 충분히 교감하며 여행을 즐길 수 있다. 반려인들에게 차박이 여행의 대안으로 각광받는 이유다.

**반려동물 동반 시
알아두면 좋을 것들**

반려동물과 함께 여행을 떠나는 것은 생각보다 준비할 것도 신경 쓸 일도 많다. 사람이라면 여행 준비를 도울 수도, 짐을 대신 들어줄 수도 있지만 반려동물은 그럴 수가 없다. 그러니 마음을 단단히 먹어두시길.

- 반려동물의 여행 준비는 최대한 미리 끝낸다. 심장사상충, 진드기 예방 등 필요한 예방접종이나 약물 처치는 적어도 출발 일주일 전까지 끝내도록 한다.

- 여행 준비 시간은 충분한 여유를 두자. 아무리 얌전한 동물이라도 언제 어떻게 돌발 상황이 생길지 알 수 없다.

- 기본 훈련은 미리미리 해두자. "앉아", "기다려"는 기본 중 기본이다. 분리불안 훈련은 주인과 잠시 떨어져 있어도 엄청난 스트레스를 받는 반려동물에게는 필수다. 처음 듣는 소리에 놀라 스트레스를 받을 수 있으니 평소 다양한 소리에 노출시키는 소리 훈련도 잊지 말자. 도그 파킹 훈련은 반려인이 잠깐 물건을 사러 가게에 들어가거나 화장실에 다녀올 때 반려동물이 불안하거나 흥분하지 않고 안정적으로 기다릴 수 있도록 돕는다.

**반려동물 동반
추천 여행지 10선**

1   경주 나정고운모래해변 P.253
2   남양주 다산생태공원 P.165
3   연천 임진강 주상절리 P.137
4   인천 실미유원지 P.153
5   파주 임진각평화누리공원 P.141

6   화성 어섬비행장 P.162
7   진천 농다리 P.211
8   충주 비내섬 P.208
9   평창 태기산전망대 P.184
10 제주 함덕해수욕장 P.282

3

반려동물 차박여행
준비물 체크리스트

1 **목줄 & 하네스** 산책 필수 준비물. 목줄과 하네스는 만일의 경우를 대비하여 여분을 챙겨 가자.

2 **이름표** 내장 인식칩이 있더라도 이름표를 착용해 만일의 상황에 대비한다.

3 **차량용 시트 & 안전벨트** 반려동물이 안전하게 탑승할 수 있도록 차량용 시트와 반려견 전용 안전벨트는 필수다.

4 **휴대용 사료통 & 사료** 가장 좋은 방법은 용량이 적은 사료를 사서 통째로 가져가는 것이지만 그럴 수 없다면 막 개봉한 사료를 1회분씩 소분하여 밀봉해 가져간다. 혹시 모르니 여분의 사료를 챙겨 간다.

5 **간식** 여행을 떠나면 사람도 맛집에 들러 평소와는 다른 음식을 먹는 것처럼 반려동물도 여행 중 먹는 즐거움을 만끽할 수 있도록 특별한 간식을 챙긴다.

6 **물 & 물통** 여행 중에는 아무래도 평소보다 활동량이 많아지기 마련이다. 수분 섭취가 부족하면 탈수가 올 수 있으니 수시로 수분 보충을 해줘야 한다.

7 **배변봉투 & 물티슈** 어떤 여행지를 가더라도 배변 봉투와 물티슈는 상시 지참한다. 배변패드가 아닌 곳에서 배변하지 못하는 반려동물이라면 배변패드 역시 넉넉하게 챙긴다.

8 **목욕 & 위생용품** 여행 기간이 3일을 넘어간다면 챙겨가자. 사람과는 달리 피부가 외부에 직접 닿기 때문에 발바닥과 털이 쉽게 오염된다. 칫솔, 치약, 샴푸, 타월, 브러시는 필수. 살균수를 준비하면 위생까지 함께 챙길 수 있다.

9 **장난감** 반려동물이 평소 좋아하는 장난감을 챙기면 낯선 곳에서의 긴장감을 풀어줄 수 있다.

10 **구급약** 야외에서 신나게 뛰고 구르다 보면 나뭇가지에 찔리는 등 예상치 못한 사고가 생길 수 있다. 핀셋, 요오드액, 압박붕대, 마데카솔 정도는 챙겨가도록 하자.

11 **반려동물용 신발** 햇볕이 강한 날, 아스팔트 바닥은 화상을 입을 수 있다.

4

반려동물과 여행 시
주의사항

- 과도하게 침을 흘리거나 혓바닥을 날름거리는 행동을 반복하면 멀미를 의심해야 한다. 낑낑거리거나 헛짖음, 부들부들 떨거나 무기력한 증세 역시 주의해야 하며 이때는 즉시 운행을 멈추자. 여행 수일 전부터 차에 태워보고 증세가 있는지 확인할 필요가 있다. 여행 당일에는 여행 4시간 전부터 먹을 것을 주지 않도록 주의한다.

- 장거리 운전 시에는 2시간 미만 주기로 강아지가 배변하거나 쉴 수 있도록 시간을 준다.

- 선박, 비행기 등 교통편을 탑승할 때에는, 탑승 시각 2시간 전에 도착하도록 한다. 반려동물은 낯선 곳에서 적응할 시간이 필요하다. 미리 도착하여 긴장을 풀 수 있도록 최소 30분간 주변을 산책시키거나 배변 활동을 하게 시간을 준다.

TIP

전국 고속도로 휴게소 반려견 놀이터
- **가평휴게소** 중부내륙고속도로, 양평 방향
- **덕평휴게소 달려라 코코** 영동고속도로, 양방향
- **죽암휴게소 멍멍파크** 경부고속도로, 서울 방향
- **서산휴게소 애견 놀이터** 서해안고속도로, 목포 방향
- **충주휴게소 반려견 놀이터** 중부내륙고속도로, 양평 방향
- **오수휴게소 펫 테마파크** 순천완주고속도로, 전주 방향
- **진주휴게소 폴짝** 남해고속도로, 부산 방향
- **신탄진휴게소 반려동물 놀이터** 경부고속도로, 양방향

AREA 2

강원권

강원도는 풍요로운 자연의 보고다. 해변을 따라 아름다운 바다를 즐길 수
있음은 물론 산과 강을 두루 갖춘 국내여행지의 종합선물세트와도 같다.
어느 곳을 선택해도 실패하지 않는, 강원도로 떠나보자.

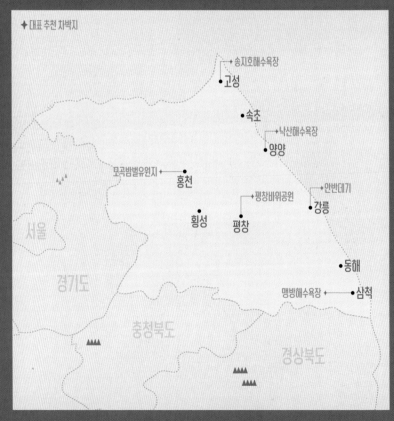

✛ 대표 추천 차박지

✛ 송지호해수욕장
● 고성

● 속초
✛ 낙산해수욕장
● 양양

모곡밤벌유원지 ✛   ✛ 안반데기
● 홍천   평창바위공원 ✛   ● 강릉

● 횡성   ● 평창

서울

경기도
● 동해
맹방해수욕장 ✛   ● 삼척

충청북도

경상북도

PLUS 반려동물과 함께라면, 반려동물이 자갈에 발바닥을 다칠 수 있으니 반려견 전용 슈즈 착용을 권한다. 슈즈가 없다면 반려동물용 압박붕대를 이용하면 된다.

수도권에서 1시간

모곡밤벌유원지

추천
차박지

홍천강에 자리한 모곡밤벌유원지는 서울에서 1시간 남짓이면 닿을 수 있는 차박 성지로 알려져 있다. 성인 종아리 정도까지의 얕은 수심과 지나치게 차갑지 않은 수온 덕분에 물놀이를 즐기기에 적합하다. 단 강변이 자갈로 되어 있어 슬리퍼보다는 운동화를 신는 게 좋고, 물놀이할 때는 아쿠아슈즈 착용을 권한다. 메기, 피라미, 쉬리 등 물고기도 많아 투망이나 견짓대 같은 간단한 도구로도 수월하게 낚시가 가능해 특히 여름철에 사람들이 많이 몰린다. 여름철 방문한다면 매년 7월 하순에 열리는 홍천 찰옥수수축제와 홍천강 별빛음악맥주축제도 놓치지 말 것.

주소 강원 홍천군 서면 밤벌길 133 • 전화 033-434-0454(면사무소) • 시간 24시간 개방 • 휴무 없음 • 요금 무료 • 주차 무료 • 반려동물 가능(목줄 착용, 배변 봉투 지참)

©무궁화마을

©무궁화마을

무궁화는 어디에서 왔을까?
무궁화마을

일제강점기 독립운동가 남궁억 선생이 30만 그루의 무궁화 묘목을 심어 전국에 무궁화를 보급했던 마을이다. 수려한 산세에 굽이쳐 흐르는 홍천강이 어우러져 아름다운 정취를 자랑한다. 아이들과 함께라면 관람차 타고 마을 여행, 맨손으로 메기 잡기, 카약 타기, 생태 트레킹 등 다양한 체험 프로그램을 공략해보자.

주소 강원 홍천군 서면 밤벌길 19번길 47 • **전화** 010-8779-1782 • **시간** 24시간 개방 • **휴무** 없음 • **요금** 무료(체험 프로그램 별도) • **주차** 무료 • **반려동물** 가능(목줄 착용, 배변 봉투 지참) • **홈페이지** www.mgh.co.kr

별이 빛나는 밤
태기산전망대

별을 좋아하는 사람들이 즐겨 찾는 곳. 비교적 완만한 등산로와 다채로운 트레일로 방문객의 마음을 사로잡는다. 정상에 오르면 넓게 펼쳐진 산등성이들 위로 풍력발전소가 자리한다. 걷기를 좋아하면 태기왕전설길, 낙수대계곡길, 청정체험길, 산철쭉길 등의 트레킹 코스를 걸어보자. 각각 1시간 20분에서 3시간 20분간 숲길을 산책할 수 있다. 장마 기간에는 출입이 통제되니 주의할 것. 주차는 입구 맞은편의 아담한 휴게소를 이용한다.

주소 강원 횡성군 둔내면 화동리 태기산 • **시간** 24시간 개방 • **휴무** 없음 • **요금** 무료 • **주차** 무료 • **반려동물** 가능(목줄 착용, 배변 봉투 지참)

스마트폰으로 별 사진 촬영

삼성이나 LG에서 나오는 최신 스마트폰은 프로페셔널 혹은 전문가 모드를 탑재한 경우가 많다. 평소에는 쓸 일이 없어도 별 사진 촬영에는 필수적이라는 사실. 아래 '세팅값'은 전문가 모드를 탑재한 스마트폰에 기준한 설정이다.

1 삼각대에 스마트폰 고정하기
2 스마트폰 카메라 실행시키기
3 전문가 모드 설정하기
4 조리개(F값) 1~2 정도로 가능한 한 낮게 맞추기
5 셔터스피드 10~20초 사이로 설정하기
6 ISO 1,600에 맞추기
7 초점은 수동으로 가장 밝게 빛나는 별에 맞추기
8 화이트밸런스(WB) 3,900K 이하로 설정하기

DSLR로 별 사진 촬영

카메라 세팅값은 일정하지 않다. 카메라 기종, 렌즈의 밝기에 따라 달라지기 마련이다. 무엇보다 같은 장소라도 현장 여건에 의해 달라질 수 있으므로 아래 세팅값을 참고로 하되 현장 경험을 통해서 나만의 세팅값을 발견해보자.

필수 준비물 광각렌즈, 튼튼한 삼각대, 릴리스, 완충 배터리(여분의 배터리), SD카드(충분한 용량)
보조 준비물 헤드랜턴, 핫팩, 간식, 방한복 등

1 촬영 위치 잡고 삼각대 세우기
2 카메라 장착 후 구도 잡기
3 카메라 모드는 M 모드로 설정하기
4 조리개값 최대 개방하기
5 셔터스피드 10~20초 사이로 설정하기
6 ISO 1,600 이하로 맞추기
7 초점은 무한대로 설정하기
8 화이트밸런스(WB) 3,900K 이하로 설정하기

별과 인물 사진을 함께 촬영

카메라 세팅값은 동일하게 두고 원하는 위치에 인물을 넣어 촬영하면 별과 함께 인물 실루엣 사진이 완성된다. 별과 같이 인물도 환하게 나오기를 원한다면 설정한 셔터스피드값이 끝나기 전 마지막 1초에 플래시로 인물을 비춘다. 두 경우 모두 인물은 미리 설정해둔 셔터스피드값만큼(10~20초) 움직이지 않아야 한다.

왕도를 따라
태기왕전설길

삼한시대 말기 진한의 마지막 임금인 태기왕의 발자취를 따라
가는 태기산 트레킹 코스다. 코스 길이는 약 4.5km로 예상 소
요 시간은 2시간 20분 정도다. 태기약수터와 태기산성을 거쳐
태기산전망대로 이어진다.

주소 강원 횡성군 둔내면 삽교리 태기산 양구두미재 등산로 입구 • **시간** 24시간 개방 • **휴무** 없음 • **요금** 무료 • **주
차** 무료 • **반려동물** 가능(목줄 착용, 배변 봉투 지참)

화전민의 추억
태기분교 터

봉덕초등학교 태기분교는 1968년 화전민들의 수가 많아
지면서 해발 1,000m가 넘는 고지대에 세워진 학교다. 한때
150여 명이 재학했지만 녹록지 않은 산중 생활과 화전 금지
정책으로 주민들이 줄어들면서 1976년 폐교되어 지금은 터
만 남아 있다.

주소 강원 횡성군 둔내면 화동리 태기산 정상 가는 길 • **시간** 24시간 개방 • **휴무** 없음 • **요금** 무료 • **주차** 무료 • **반
려동물** 가능(목줄 착용, 배변 봉투 지참)

태기산 자락의 맑은 계곡
신대계곡

태기산과 봉복산 사이로 흐르는 작은 계곡이다. 물이 맑고 깨끗
하여 버들치, 쉬리, 꺽지 등이 살고 있다. 바닥이 훤히 보이는 맑
은 물빛과 얼음같이 차가운 계곡물이 매력적인 곳으로 여름철
에 더욱 인기가 많다.

주소 강원 횡성군 청일면 신대리 신대계곡 • **시간** 24시간 개방 • **휴무** 없음 • **요금** 무료 • **주차** 무료 • **반려동물** 가능
(목줄 착용, 배변 봉투 지참)

평창의 이야기가 펼쳐진

마을길 따라 노산 가는 길

효석문학100리길 5-1구간에 해당하는 이 길은 용항리 경로당
에서 출발해 후평리 마을길과 읍내를 지나 평창바위공원까지
이어지는 7.5km의 트레일이다. 순서를 반대로 바위공원에서부
터 걸어보아도 좋다. 효석문학100리길은 장돌뱅이 허생원과
그의 아들 동이가 걸었던 길이라고 한다.

©평창군

주소 강원 평창군 평창읍 용항상촌길 148-12(용항리 경로당) • **전화** 033-330-2771(평창군 관광안내소) • **시간**
24시간 개방 • **휴무** 없음 • **요금** 무료 • **주차** 무료 • **반려동물** 가능(목줄 착용, 배변 봉투 지참) • **홈페이지** tour.pc.go.kr

새롭게 떠오르는 별

평창바위공원

추천
차박지

차박의 성지로 불렸던 육백마지기가 야영 금지 구역이 되면서 캠핑을 즐기는 차박인들 사이에서
대안으로 주목받은 곳이다. 평창의 여러 마을에서 모아온 다양한 모양의 바위들을 한자리에서 볼
수 있고 산책로도 잘 조성되어 있다. 인위적으로 만들어낸 것이 아닌, 자연이 조각한 바위들은 2
톤에서부터 140톤에 이르는 것까지 그 무게 또한 엄청나다. 황소를 닮은 황소바위부터 거북바위,
해마바위, 모자바위, 장승바위 등 각기 다른 모습에 이름을 맞춰보며 산책을 즐겨도 좋을 일이다.
바위공원에서 육백마지기까지는 차량으로 40여 분이 소요된다.

주소 강원 평창군 평창읍 중리 8-3 • **전화** 033-330-2762(평창군 문화관광과) • **시간** 24시간 개방 • **휴무** 없
음 • **요금** 무료 • **주차** 무료 • **반려동물** 가능(목줄 착용, 배변 봉투 지참)

천상의 화원
육백마지기

추천
차박지

청옥산 자락에 위치한 청정 고원지대로 시원한 산간마을 전망을 즐길 수 있는 곳이다. 육백마지기란 이름은 '볍씨 600말을 뿌릴 수 있는 들판'이란 뜻이다. 초여름이면 비탈 밭에 군락을 이룬 샤스타데이지가 아름답다. 별을 쫓는 사진가들에게는 은하수 성지로 손꼽는 곳이기도 하다. 차박 시 스텔스 차박만 가능하다.

CHECK POINT

여행자의 책임감, 육백마지기의 비극

육백마지기는 오랫동안 아는 사람만 아는 여행지였으나 여러 매체에서 주목받기 시작하며 전국 각지에서 사람들이 몰려들었다. 문제는 방문객이 많아지자 쓰레기를 아무데나 방치하는 이들도 많아졌다는 것이다. 그들이 버리고 간 쓰레기를 지역 주민들이 처리하기에는 역부족이었고, 이로 인해 극심한 오염에 시달리게 되었다. 평창군에서는 쓰레기 배출과 그 원인이 되는 야영 및 취사 행위 자제를 여러 차례 당부하였지만 지켜지지 않았고, 급기야 2019년 가을부터 차박을 포함한 야영 및 취사 행위가 전면 금지되었다. 이곳뿐만 아니라 방문객들의 이기적인 행동 때문에 폐쇄를 선언하는 차박지들이 늘고 있다. 아름다운 자연의 품을 찾는 차박인들에겐 그야말로 비극이 아닐 수 없다. 자연을 무료로 누리는 데에는 그에 합당한 책임이 따른다. 머문 자리는 흔적을 남기지 않고 떠나야 한다. 자연은 공유하는 것. 있는 그대로 온전히 지켜주어야 다음 사람, 다음 세대와도 나눌 수 있지 않을까.

주소 강원 평창군 미탄면 청옥산길 583-76 · **전화** 033-330-2724(평창군 문화관광과) · **시간** 24시간 개방 · **휴무** 없음 · **요금** 무료 · **주차** 무료 · **반려동물** 가능(목줄 착용, 배변 봉투 지참)

한국의 알프스
대관령
양떼목장

초원에서 뛰노는 양들과 뭉게구름으로 가득한 하늘… 이런 풍경은 비단 스위스에만 있는 게 아니다. 대관령양떼목장은 1988년 풍전목장으로 시작해 2000년 이름을 바꾸고 외부인 입장이 가능한 관광목장으로 운영되고 있다. 목장 초입에 자리한 언덕 위의 작은 오두막은 영화 <화성으로 간 사나이> 촬영지로, 목장을 찾은 방문객들의 단골 포토 존이다. 이곳은 한겨울에도 인기가 사그라들 줄 모른다. 완만한 초원 위로 내려앉은 하얀 눈은 눈부시게 찬란한 설원을 찾고 싶은 이들의 버킷리스트다.

주소 강원 평창군 대관령면 대관령마루길 483-32 • **전화** 033-335-1966 • **시간** 11~2월 09:00~17:00, 3·10월 09:00~17:30, 4·9월 09:00~18:00, 5~8월 09:00~18:30 • **휴무** 설·추석 당일 • **요금** 성인 6,000원, 청소년·어린이 4,000원, 48개월 미만 무료 • **주차** 무료 • **반려동물** 불가 • **홈페이지** www.yangtte.co.kr

하늘 아래 첫 목장
대관령하늘목장

대관령에서 가장 높은 곳에 자리한 목장으로 서울 여의도 면적의 4배에 달하는 규모를 자랑한다. 영화 <웰컴 투 동막골>의 촬영지로도 유명하다. 입구에서 정상인 하늘마루전망대까지는 걸어서 1시간이면 닿는다. 트랙터 마차(유료)를 이용하면 15분 정도 소요된다. 가족 여행객들에게는 승마와 동물 먹이 주기 등의 체험 프로그램이 인기다.

주소 강원 평창군 대관령면 꽃밭양지길 458-23 • **전화** 033-332-8061 • **시간** 4~9월 09:00~18:00, 10~3월 09:00~17:30 • **휴무** 없음 • **요금** 성인 7,000원, 청소년·어린이 5,000원, 36개월 미만 무료(체험 프로그램 별도) • **주차** 무료 • **반려동물** 반려견 존만 가능(목줄 착용, 배변 봉투 지참. 입장료 별도, 맹견 입장 제한) • **홈페이지** skyranch.co.kr/kr

©대관령하늘목장

©대관령하늘목장

국내 최대 목장
삼양목장

지난 2011년, 젖소를 자연 속에 그대로 방목하는 유기 축산을 시작하며 더욱 주목을 받았다. 단 동절기에는 젖소의 건강을 위해 방목하지 않는다. 1972년부터 운영한 국내 최대 규모의 목장으로, 저마다의 이야기를 담은 5개의 목책로가 마련되어 있다. 동물들에게 먹이를 주는 체험 프로그램도 눈여겨보자.

주소 강원 평창군 대관령면 꽃밭양지길 708-9 • 전화 033-335-5044 • 시간 5~10월 09:00~17:00, 11~4월 09:00~16:30 • 휴무 없음 • 요금 성인 9,000원, 청소년·어린이 7,000원, 36개월 미만 무료 • 주차 무료 • 반려동물 불가 • 홈페이지 www. samyangranch.co.kr

©삼양목장

©삼양목장

바람의 언덕을 걷는
선자령 풍차길

바우길 1구간으로 대관령휴게소에서 시작해 선자령 정상까지 다녀오는 원점 회귀형 코스다. 경사가 있지만 가파른 구간이 많지 않고 총 12km 길이에 약 4시간이 소요된다. 트레킹 초보자라면 등산로 입구에서 동해전망대 쪽의 오른쪽 능선을 따라 걷자. 비교적 수고로움을 덜 수 있다.

주소 강원 평창군 대관령면 경강로 5721(대관령휴게소) • 전화 033-645-0990(사단법인 강릉바우길) • 시간 24시간 개방 • 휴무 없음 • 요금 무료 • 주차 무료 • 반려동물 가능(목줄 착용, 배변 봉투 지참)

©강릉바우길

©강릉바우길

사진가들이 사랑한 바다
수뭇개바위

배낚시와 일출 명소로 손꼽히는 공현진 북방파제 끝자락에 자리한 바위군으로 '옵바위'라고도 한다. 높낮이가 다른 바위들이 바다에 늘어서 있는 모습이 근사한데, 그 사이로 태양이 솟아오르는 모습이 아름다워 사진가들에게 사랑받는 곳이다.

주소 강원 고성군 죽왕면 공현진리 옵바위 • **시간** 24시간 개방 • **휴무** 없음 • **요금** 무료 • **주차** 무료 • **반려동물** 가능(목줄 착용, 배변 봉투 지참)

아웃도어 마니아들의 성지
송지호해수욕장

추천
차박지

2km에 이르는 기다란 백사장, 아래가 훤히 들여다보이는 맑은 바닷물이 특징이다. 강원도 북부 특유의 한적함 때문에 캠핑 마니아들이 즐겨 찾는다. 영화에서나 보던 서핑에 도전하고 싶다면 이곳이 딱이다. 파도가 초보자들에게 좋고 사람들도 지나치게 많지 않아 여유롭게 배울 수 있다. 바로 근처 7번 국도 안쪽에는 철새가 날아드는 송지호가 있어 가만히 호수 풍경을 바라보거나 해변부터 호수 일대까지 가벼운 트레킹을 즐겨도 좋다.

PLUS 해변 맞은편에 자리한 작은 섬 죽도는 수려한 경관을 자랑하며 시설 좋고 규모가 큰 오토캠핑장이 있어 캠퍼들에게 사랑받는 곳이다.

주소 강원 고성군 죽왕면 오호리 송지호해수욕장 • **전화** 033-680-3356 • **시간** 24시간 개방 • **휴무** 없음 • **요금** 무료 • **주차** 소형 5,000원 • **반려동물** 가능(목줄 착용, 배변 봉투 지참) • **홈페이지** www.songjihobeach.co.kr

영화 <동주> 촬영지

왕곡마을

송지호 근처에 자리한 민속마을이다. 북방식 전통가옥과 초가집을 만날 수 있고 대문이 없는 개방식 한옥들이 많다. 영화 <동주>의 이준익 감독은 윤동주 시인의 생가를 방문한 후 주거 형태와 집성촌 모습이 비슷한 왕곡마을을 촬영지로 삼았다고 한다. 사람들이 실제 거주하는 마을인 만큼 소란한 관람은 금물이다.

주소 강원 고성군 죽왕면 왕곡마을길 36-13 · **전화** 033-631-2120 · **시간** 09:00~18:00 · **휴무** 없음 · **요금** 무료(체험 프로그램 별도) · **주차** 무료 · **반려동물** 가능(목줄 착용, 배변 봉투 지참) · **홈페이지** www.wanggok.kr:457

DMZ 평화둘레길 고성 제1경

건봉사

금강산 초입에 자리한다 하여 '금강산 건봉사'로 불리며 진부령과 거진읍 사이에 위치한 고찰이다. 한때 설악산의 신흥사와 백담사, 양양의 낙산사를 말사로 거느린 대사찰이었다. 한국전쟁 때 완전히 폐허가 되었으며 지금도 복원이 이루어지고 있다. DMZ 평화둘레길 고성 구간의 시작점이자 끝점이다.

주소 강원 고성군 거진읍 건봉사로 723 · **전화** 033-682-8100 · **시간** 일출~일몰 · **휴무** 없음 · **요금** 무료 · **주차** 무료 · **반려동물** 외부만 가능(목줄 착용, 배변 봉투 지참) · **홈페이지** www.geonbongsa.org

사계절 인기 만점
속초해수욕장

수심이 얕고 경사가 완만해 물놀이하기 좋은 해변이다. 서울에서 2시간 30분 거리로 접근성이 좋아 사계절 인기가 많고, 특히 여름철에는 수도권 피서객들이 대규모로 몰린다. 산책로를 따라 간간이 만나는 아기자기한 조형물은 방문객들의 단골 인증 사진 포인트다. 주변에 솔숲과 편의점, 카페까지 갖추고 있어 어느 것 하나 부족함이 없다.

 추천
차박지

주소 강원 속초시 해오름로 190 • **전화** 033-639-2027 • **시간** 24시간 개방 • **휴무** 없음 • **요금** 무료 • **주차** 1일 4,000원(성수기 6,000원) • **반려동물** 가능(목줄 착용, 배변 봉투 지참) • **홈페이지** www.sokchobeach.co.kr

PLUS 인근의 등대해수욕장은 투명한 물빛과 아담한 해안선이 예쁘고 고기가 많아 낚시꾼들이 즐겨 찾는다.

절경과 함께 낚시를
영금정

아기자기한 바다 정취와 함께 일출을 감상하기 좋은 곳이다. 파도가 바위에 부딪히면 거문고를 타듯 신묘한 소리가 들린다고 하여 '영금정(靈琴亭)'이란 이름이 붙었다. 낚시를 즐기는 사람들이 사시사철 모여들고, 바로 옆 등대전망대와 함께 둘러보기 좋다. 맛집이 즐비한 동명항 끝자락에 자리한다.

주소 강원 속초시 영금정로 43 • **전화** 033-639-2365(속초시청 관광과) • **시간** 24시간 개방 • **휴무** 없음 • **요금** 무료 • **주차** 무료 • **반려동물** 가능(목줄 착용, 배변 봉투 지참)

강원도 대표 포구
대포항

한때 한적한 포구였으나 관광객들의 입소문을 타면서 엄청난 규모로 발전한 항구다. 크고 작은 어선들이 오가는 부둣가에 정박한 오징어배가 인상적이다. 수산물시장과 회센터, 선상낚시로 유명하지만 최근에는 튀김골목으로 소문이 자자하다. 그중에서도 큼지막한 새우튀김이 인기다.

주소 강원 속초시 대포항1길 6-13 • **전화** 033-633-3171 • **시간** 24시간 개방 • **휴무** 없음 • **요금** 무료 • **주차** 공영주차장 30분 600원, 1일 6,000원 • **반려동물** 가능(목줄 착용, 배변 봉투 지참) • **홈페이지** www.daepo-port.co.kr

반세기만에 개방된 명품 바닷길

외옹치
바다향기로

2018년 개방된 외옹치 바다향기로는 외옹치항부터 속초해수욕장(롯데리조트속초)까지 이어진 1.7km의 산책로이다. 군사작전 지역으로 1970년 해안 경계 철책선이 설치되면서 민간인 출입이 전면 통제되었다가 65년 만에 개방되어 세상의 빛을 보았다. 오랜 시간 사람들의 발길이 닿지 않은 덕에 보석 같은 속초 비경을 즐길 수 있다.

주소 강원 속초시 대포항길 186 • **전화** 033-639-2362 • **시간** 하절기 06:00~20:00, 동절기 07:00~18:00 • **휴무** 없음 • **요금** 무료 • **주차** 무료 • **반려동물** 불가

바다멍 한번 해볼까?

설악해맞이공원

앞쪽으로 동해, 뒤쪽으로는 설악산의 아름다운 경관을 바라볼 수 있는 공원으로 설악산 입구 맞은편에 자리한다. 공원에선 잼버리기념탑과 함께 여러 조각 작품들을 감상할 수 있고 벤치에 앉아 바다를 바라보며 멍 때리는 '바다멍'도 즐길 수 있다. 또한 이름처럼 해돋이를 감상하는 곳으로도 안성맞춤이다.

주소 강원 속초시 동해대로 3664 • **전화** 033-635-2003 • **시간** 24시간 개방 • **휴무** 없음 • **요금** 무료 • **주차** 30분 600원(초과 시 10분당 300원), 1일 6,000원 • **반려동물** 가능(목줄 착용, 배변 봉투 지참)

서핑의 요람

추천 차박지

설악해수욕장

설악산, 낙산사 등 강원도 대표 관광지를 여행하는 길목에 자리해 가족 단위의 피서지로 꾸준히 각광받는 곳이다. 최근에는 서핑을 즐기려는 사람들이 계절에 상관없이 찾아들면서 서퍼들의 천국이라는 별칭이 붙었다. 매달 두번째 토요일과 일요일에는 양양 비치마켓이 열린다.

주소 강원 양양군 강현면 뒷나루2길 5-8 • **시간** 24시간 개방 • **휴무** 없음 • **요금** 무료 • **주차** 무료 • **반려동물** 가능(목줄 착용, 배변 봉투 지참) • **홈페이지** www.toursorak.com/yang/yang-36.html

솔숲 속 차박
낙산해수욕장

너른 백사장과 솔숲이 인상적인 해변으로 푸르고 맑은 바다색과 얕은 수심 덕분에 방문객들의 발길이 끊이지 않는다. 많진 않지만 백사장 한가운데 소나무와 벤치 그네, 평상이 마련되어 있어 바다를 마주하고 멍 때리기 좋다. 자분자분 걸어서 10여 분이면 관동8경의 하나인 낙산사와 의상대를 만날 수 있고 카페와 식당이 즐비한 주변 환경도 훌륭하다. 친구들과 함께라면 미니 바이크를 타고, 아이와 함께라면 말이 직접 끄는 마차를 타는 등 색다른 액티비티를 즐겨보자.

추천
차박지

주소 강원 양양군 강현면 해맞이길 59 • **전화** 033-670-2518 • **시간** 24시간 개방 • **휴무** 없음 • **요금** 무료 • **주차** 무료 • **반려동물** 가능(목줄 착용, 배변 봉투 지참)

드넓게 펼쳐진 연어들의 억새밭

남대천
연어생태공원

한국으로 회귀하는 연어의 70% 이상이 이곳을 찾아 산란한다. 너른 억새밭과 바다로 뻗은 남대천이 이국적인 풍경을 자아낸다. 억새밭 한가운데 놓인 나무데크길을 따라 산책을 즐기며 인증 사진을 남겨보자. 해 질 녁에 방문해 붉은빛이 퍼지는 하늘과 함께라면 금상첨화!

주소 강원 양양군 양양읍 조산리 86-7 • **시간** 24시간 개방 • **휴무** 없음 • **요금** 무료 • **주차** 무료 • **반려동물** 가능(목줄 착용, 배변 봉투 지참)

한갓지게 즐기는 나만의 바다
순긋해변

KBS 2TV <1박 2일> 촬영지로 전 국민의 주목을 받기 시작했다. 깔끔한 화장실과 깨끗한 모래에 물놀이하기 좋은 얕은 수심까지 바다여행에 최적의 요소를 두루 갖추었으면서도 방문객이 많지 않아 언택트 여행지로 적격이다. 경포해변, 사천해변, 사근진해변 등 주변 유명 관광지와 맛집으로의 접근성도 훌륭하다. 차박 성지로 오랫동안 군림하였으나 최근 야영과 취사를 전면 금지하고 차박 가능한 공터를 폐쇄하여 현재는 주차장을 이용한 스텔스 차박만 가능하다.

주소 강원 강릉시 해안로 682-5 • **전화** 033-660-3976 • **시간** 24시간 개방 • **휴무** 없음 • **요금** 무료 • **주차** 무료 • **반려동물** 가능(목줄 착용, 배변 봉투 지참) • **홈페이지** sungutbeach.co.kr

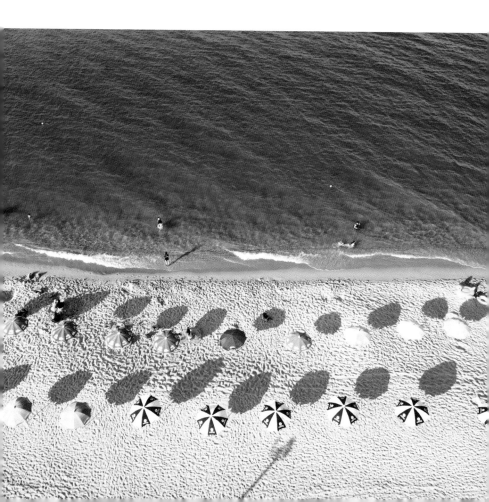

은하수 흐르는 밤

안반데기

추천
차박지

해발 1,100m의 능선을 따라 고랭지 채소가 자라는 안반데기는 떡메로 쌀을 치는 안반처럼 우묵하고 널찍하게 생긴 언덕이라는 뜻인 '안반덕'의 강릉 사투리다. 사진가들에게는 은하수 촬영지로 더욱더 유명하다. 해 질 녘 풍경과 은하수, 이른 아침 아름다운 여명까지 만나고 싶다면 차박(스텔스 모드)은 필수다. 현재 멍에전망대는 석축 붕괴로 잠정 폐쇄된 상태다.

주소 강원 강릉시 왕산면 안반덕길 428 • **전화** 010-8500-6858 • **시간** 24시간 개방 • **휴무** 없음 • **요금** 무료 • **주차** 무료 • **반려동물** 가능(목줄 착용, 배변 봉투 지참) • **홈페이지** www.안반데기.kr

경포호 전망 포인트
경포대

나지막한 언덕 위에 자리한 누각으로, 봄이면 경포대 주변에 화려하게 핀 벚꽃을 한눈에 조망할 수 있다. 이곳에는 경포대에 관한 시판이 많은데 율곡 선생이 열 살 때 지었다는 「경포대부」가 특히 주목할 만하다. 경포대 옆으로 솔숲이 우거진 경포송림길이 있어 함께 둘러보아도 좋다.

주소 강원 강릉시 경포로 365 • **전화** 033-640-4471 • **시간** 24시간 개방 • **휴무** 없음 • **요금** 무료 • **주차** 무료 • **반려동물** 가능(목줄 착용, 배변 봉투 지참)

바다를 품은 길
헌화로

동해안 최고의 비경이라고 불리는 헌화로는 금진항에서 심곡항, 정동진항까지 이어진 해안도로다. 코발트빛 바다를 끼고 하얗게 펼쳐진 백사장과 거친 바위를 두루 만나며 다채로운 풍경과 마주하게 된다. 우리나라에서 바다와 가장 가깝게 달리며 드라이브를 즐길 수 있는 길이기도 하다.

주소 강원 강릉시 옥계면 헌화로 금진항(시작점) • **시간** 24시간 개방 • **휴무** 없음 • **요금** 무료 • **주차** 무료 • **반려동물** 가능(목줄 착용, 배변 봉투 지참)

명불허전 해돋이
추암촛대바위

아름다운 바위들과 어여쁜 해안선을 지닌 추암해수욕장에는 우리나라 최고의 일출 명소 중 하나인 촛대바위가 자리한다. '애국가' 영상에 등장하는 해돋이 장면을 실제로 확인할 수 있다. 2019년 6월 개장한 출렁다리를 통해 바다 위를 걸으며 짜릿하고 새롭게 촛대바위를 즐겨보아도 좋다.

주소 강원 동해시 추암동 산69 • **전화** 033-530-2801 • **시간** 24시간 개방 • **휴무** 없음 • **요금** 무료 • **주차** 무료 • **반려동물** 가능(목줄 착용, 배변 봉투 지참)

바다 전망 솔숲 차박
삼척해수욕장

'동양의 나폴리'란 별명에 빛나는 삼척의 대표 해변이다. 투명하게 비치는 바다 빛깔과 얕은 수심, 울창한 송림, 주변 편의시설 등 차박의 요소를 두루 갖췄다. 거기에 더해 인근의 해안도로는 삼척해수욕장의 자랑. 1984년 국민관광지로 지정되어 주변에 횟집을 비롯한 카페, 식당 등이 가득해 여러모로 편리하다.

주소 강원 삼척시 테마타운길 76 • **전화** 033-570-4546 • **시간** 24시간 개방 • **휴무** 없음 • **요금** 무료 • **주차** 무료 • **반려동물** 가능(목줄 착용, 배변 봉투 지참)

해안 절경 맛집
새천년해안도로

삼척해수욕장에서 삼척항을 잇는 약 4.8km 길이의 해안도로다. 기암괴석과 짙게 우거진 숲, 투명한 삼척의 바다가 훌륭한 경관을 이룬다. 무엇보다 도로 중간에 쉼터가 마련되어 있어 잠시 차를 멈추고 편안하게 해안 절경을 감상할 수 있다. 단 세찬 바람이 부는 날에는 파도가 도로까지 솟구치므로 조심할 것.

주소 강원 삼척시 새천년도로 61-18 • **시간** 24시간 개방 • **휴무** 없음 • **요금** 무료 • **주차** 무료 • **반려동물** 가능(목줄 착용, 배변 봉투 지참)

아름다운 철새들의 바다
맹방해수욕장

봄에는 벚꽃과 유채꽃이 한창이고 바닷가 솔밭 언저리에는 해당화가 아름답게 피어나 인기다. 기다란 해변의 끝으로 가면 《내셔널지오그래픽》에서나 볼 법한, 철새들이 점령한 바다 풍경이 압권이다. 야영장, 각종 편의시설은 물론 소규모 골프장까지 잘 갖춘 곳이다.

주소 강원 삼척시 근덕면 맹방해변로 맹방해수욕장 • **전화** 033-572-3011(면사무소) • **시간** 24시간 개방 • **휴무** 없음 • **요금** 무료 • **주차** 무료 • **반려동물** 가능(목줄 착용, 배변 봉투 지참)

AREA 3

충청권

차박지의 요람이라 불릴 만큼 차박 마니아들이 즐겨 찾는 지역이다.
평소에는 흔히 볼 수 없거나 미처 깨닫지 못한 내륙 지방만의 대자연이 있는
충청도의 아름다운 명소들과 만나보자.

추천 차박지

물빛 아름다운 남한강 변

목계나루와 목계솔밭

목계나루는 남한강 수운 물류 교역의 중심지였으며, 남한강을 배경으로 광활한 초원과 옛 나루터의 모습이 어우러져 아름답다. 목계솔밭은 도로를 따라 100여 그루의 키 높은 소나무가 숲을 이루고 있다. 충주시에서 잘 갖추어놓은 야영장 시설 덕분에 캠핑 마니아들의 성지가 되었다.

주소 충북 충주시 엄정면 동계길 29-1 • **전화** 043-850-6741(충주시 관광과) • **시간** 24시간 개방(목계나루) • **휴무** 없음 • **요금** 유료(목계솔밭 캠핑장 이용 시 사이트당 25,000~30,000원) • **주차** 무료 • **반려동물** 가능(목줄 착용, 배변 봉투 지참) • **홈페이지** www.mknaru.com

눈부시게 빛나는 억새밭
비내섬

물가를 따라 펼쳐진 버드나무 군락지와 빛을 받고 눈부시게 빛
나며 존재감을 드러내는 억새밭이 인상적이다. tvN 드라마 <사
랑의 불시착>의 여주인공 윤세리와 북한 군인들의 소풍 장면을
촬영한 장소로 유명세를 타면서 방문객들이 줄을 잇고 있다.

주소 충북 충주시 앙성면 조천리 412 · **전화** 043-850-3612(충주시청 환경정책과) · **시간** 24시간 개방 · **휴무**
없음 · **요금** 무료 · **주차** 무료 · **반려동물** 가능(목줄 착용, 배변 봉투 지참)

깎아지른 듯 장쾌한 암봉들
수주팔봉

추천
차박지

구름다리 사이로 마주한 절벽과 바로 앞 강물에 비친 산그림자가 근사한 곳으로, 천연기념물인 수달을 비롯해 다양한 동식물이 서식한다. '물 위에 선 8개의 봉우리'란 뜻의 수주팔봉은 달천변을 따라 송곳바위, 중바위, 칼바위 등을 만날 수 있다. 수주팔봉 한가운데로 떨어지는 팔봉폭포가 사시사철 운치를 더한다.

주소 충북 충주시 살미면 토계리 수주팔봉 • **전화** 043-850-6723(충주시청 관광과) • **시간** 24시간 개방 • **휴무** 없음 • **요금** 무료 • **주차** 무료 • **반려동물** 가능(목줄 착용, 배변 봉투 지참)

영화 <박하사탕> 촬영지
삼탄유원지

추천
차박지

산태극수태극(풍수지리에서 산자락과 물길이 태극 모양을 이루는 형세)의 명당으로 꼽히는 삼탄 여울이 아기자기한 산새를 그려낸다. 1959년 충북선 충주~봉양 간 철도가 개통되면서 삼탄역 일대가 유원지로 자리 잡은 것. 기암절벽 아래 맑고 깨끗한 물이 흘러 가벼운 물놀이를 즐기기 좋아 가족 여행객들에게 인기 만점이다.

주소 충북 충주시 산척면 명서리 477-1 • **전화** 043-850-7329 • **시간** 24시간 개방 • **휴무** 없음 • **요금** 무료 • **주차** 무료 • **반려동물** 가능(목줄 착용, 배변 봉투 지참)

해수욕보다 강수욕

목도강수욕장

추천
차박지

목도강은 조선시대부터 1930년대까지 소금, 젓갈 등 생필품을 실은 황포돛배가 드나든 강으로 목도나루터가 있던 곳이다. 목도강수욕장은 이곳 강변 일대에 백사장과 솔숲, 잔디광장 등이 마련되어 물놀이와 피크닉을 즐기기 좋다. 매년 7~8월 개장하며 그 외 기간에는 물놀이가 제한된다.

주소 충북 괴산군 불정면 목도리 목도강수욕장 · **시간** 24시간 개방 · **휴무** 없음 · **요금** 무료 · **주차** 무료 · **반려동물** 가능(목줄 착용, 배변 봉투 지참)

천년의 약속

진천 농다리

추천
차박지

농다리는 편마암의 일종인 자줏빛 돌을 지네 모양으로 쌓아 만든 것으로 금강 지류 미호천을 가로질러 놓인 돌다리다. 고려시대 때 만들어져 지금까지 처음 모습 그대로 여행자들을 맞이하고 있다. 부부나 연인이 농다리를 함께 건너면 천년해로 한다고. 매년 5월이면 이곳에서 생거진천 농다리축제가 열린다.

주소 충북 진천군 문백면 구곡리 601-32 · **전화** 043-539-3621(진천군청 관광팀) · **시간** 24시간 개방 · **휴무** 없음 · **요금** 무료 · **주차** 무료 · **반려동물** 가능(목줄 착용, 배변 봉투 지참)

구름 속을 걷다

양방산전망대

추천
차박지

양백산이라고도 불리는 이곳 양방산전망대는 차량으로 거의 정상까지 올라갈 수 있어 접근성이 좋다. 단양 시내를 한눈에 볼 수 있을 뿐만 아니라 일출, 일몰, 운해까지 한자리에서 만날 수 있다. 우리나라에서 몇 안 되는 물돌이 지형을 조망하고, 야경을 감상할 수 있는 것도 장점이다. 이른 새벽 떠오르는 태양과 함께 발 아래로 깔리는 운해를 놓치지 말 것. 단, 산 정상에 위치한 전망대까지는 험로 주행이 불가피하므로 초보 운전자라면 주의가 필요하다.

주소 충북 단양군 단양읍 양방산길 350 • **시간** 24시간 개방 • **휴무** 없음 • **요금** 무료 • **주차** 무료 • **반려동물** 가능(목줄 착용, 배변 봉투 지참)

섬 속 낭만 휴식

행담도휴게소

바다 한가운데 자리한 이곳은 국내 유일의 섬 안에 자리 잡은 휴게소이다. 아름다운 서해대교를 배경으로 서해가 자랑하는 근사한 낙조를 감상할 수 있는 곳이기도 하다. 이국적인 외관이 인상적인데, 기본 휴게시설 외 충남홍보관, 프리미엄아웃렛, 애견파크 등이 있어 시간 가는 줄 모른다.

주소 충남 당진시 신평면 서해안고속도로 275 • **전화** 041-358-0700 • **시간** 24시간 개방 • **휴무** 없음 • **요금** 무료 • **주차** 무료 • **반려동물** 외부만 가능(목줄 착용, 배변 봉투 지참) • **홈페이지** www.hidcok.co.kr

일몰과 일출을 한 자리에서
왜목마을

 추천
차박지

장고항 노적봉 촛대바위 사이로 붉은 해가 떠오르는 서정적인 풍경을 놓칠 수 없다. 편의점과 화장실 등 편의시설이 잘 갖춰져 있어 캠핑과 낚시를 즐기려는 사람들의 발길도 끊이지 않는다. 여름에는 해수욕을, 겨울에는 일몰과 일출을 만끽할 수 있고 용무치항 방면으로 놓인 데크길은 사계절 산책하기 좋다.

주소 충남 당진시 석문면 왜목길 26 • **전화** 041-354-1713(왜목마을 번영회) • **시간** 24시간 개방 • **휴무** 없음 • **요금** 무료 • **주차** 무료 • **반려동물** 가능(목줄 착용, 배변 봉투 지참) • **홈페이지** www.waemok.kr

서산9경에 빛나는
삼길포항

추천
차박지

탁 트인 바다가 가장 먼저 반기는 아름다운 항구다. 2009년 완공된 방파제와 그 위에 세워진 빨간 등대는 푸른 바다와 어우러져 근사한 사진을 남길 만한 명소로도 손색이 없다. 무엇보다 풍성하고 싱싱한 해산물이 이곳의 상징! 갓 잡은 생선을 판매하는 선상어시장을 놓치지 말자.

주소 충남 서산시 대산읍 화곡리 1891 • **시간** 24시간 개방 • **휴무** 없음 • **요금** 무료 • **주차** 무료 • **반려동물** 가능(목줄 착용, 배변 봉투 지참)

몽돌 파도 소리 어여쁜
벌천포해수욕장

 추천
차박지

예로부터 물 맑기로 소문난 해변이다. 모래가 아닌 작은 몽돌로 되어 있는 해변으로 파도가 칠 때마다 '차르륵차르륵' 청량한 소리가 서정적인 정취를 더한다. 갯바위에서는 바다낚시를, 갯벌에서는 소라와 고둥을 잡을 수 있고 울창한 솔숲의 기암괴석도 인상적이다. 참고로 몽돌 밀반출은 금지다.

주소 충남 서산시 대산읍 오지리 벌천포해수욕장 • **시간** 24시간 개방 • **휴무** 없음 • **요금** 무료 • **주차** 무료 • **반려동물** 가능(목줄 착용, 배변 봉투 지참)

모래 언덕의 이국적인 정취
신두리해안사구

고운 모래와 바람이 만든 모래 언덕의 물결을 본 적 있는가. 신두리해안사구는 넓고 푸른 바다 앞에 펼쳐진 거대한 모래 언덕으로, 마치 사막에 온 듯한 이국적인 풍경을 자아낸다. 생태공원으로 지정되면서 가벼운 트레킹 코스도 마련되어 해안사구를 더 가까이에서 즐길 수 있다.

주소 충남 태안군 원북면 신두해변길 201-54 • **전화** 041-672-0499 • **시간** 3~10월 09:00~18:00, 11~2월 09:00~17:00 • **휴무** 없음 • **요금** 무료 • **주차** 무료 • **반려동물** 불가

바다와 함께 꽃놀이
천리포해수욕장

 추천
차박지

갯벌에 핀 감태가 초록빛을 더하고 청량하면서도 소박한 바다가 매력적이다. 천리포해수욕장이 좋은 이유는 인근에 자리한 천리포수목원 덕분에 바다와 함께 꽃구경을 할 수 있기 때문이다. 해 질 녘에 방문하면 더욱 특별한 추억을 남길 수 있다. 닭섬이라고도 불리는 낭새섬을 바라보며 바다가 가장 아름다워지는 시간을 즐겨보자.

주소 충남 태안군 소원면 천리포1길 277-6 • **전화** 041-670-2772(태안군청 관광마케팅팀) • **시간** 24시간 개방 • **휴무** 없음 • **요금** 무료 • **주차** 무료 • **반려동물** 가능(목줄 착용, 배변 봉투 지참)

숲과 바다를 한 번에

추천 차박지

몽산포해수욕장

드넓은 모래갯벌 덕분에 다채로운 갯벌생물을 만날 수 있어 어린 자녀를 둔 가족 단위 여행객이 많이 찾는다. 해수욕장 주변으로 나무들이 울창해 바다와 숲을 동시에 즐길 수 있는 것도 장점이다. 해수욕장 오른편에는 몽대포구가 자리한다. 낚시는 물론 싱싱한 생선회도 맛볼 수 있다.

주소 충남 태안군 남면 몽산포길 65-27 • **전화** 041-672-2971 • **시간** 24시간 개방 • **휴무** 없음 • **요금** 무료 • **주차** 무료 • **반려동물** 불가 • **홈페이지** www.mongsanpo.or.kr

조용한 나만의 해변을 찾아서

추천 차박지

운여해변

아름다운 낙조와 은하수를 만날 수 있는 해변으로 풍경 사진가들의 발길이 끊이지 않는 곳이다. 소나무를 심어놓은 해변 남쪽에서는 밀물 때면 바닷물이 들어와 그림 같은 반영을 만든다. 한갓지면서도 고즈넉한 혼자만의 시간을 꿈꾼다면 이곳이 제격이다.

주소 충남 태안군 고남면 장삼포로 535-57 • **시간** 24시간 개방 • **휴무** 없음 • **요금** 무료 • **주차** 무료 • **반려동물** 가능(목줄 착용, 배변 봉투 지참)

호남권

사람들의 손길이 닿지 않은 자연 그대로의 아름다움을 온전히
느낄 수 있는 지역이다. 특이한 지형지물과 산새가 아름다운데, 초보자보다
차박 고수들이 즐겨 찾는 정박지가 많다.

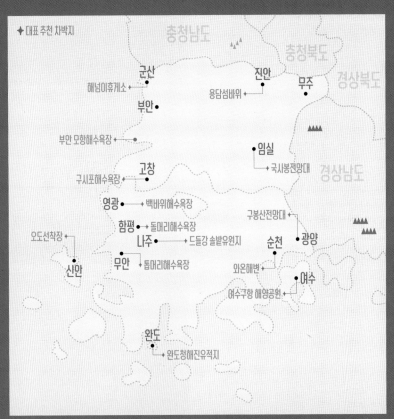

✦ 대표 추천 차박지

충청남도
충청북도
경상북도

군산
진안
무주
해넘이휴게소
용담섬바위
부안
경상남도
부안 모항해수욕장
임실
국시봉전망대
고창
구시포해수욕장
영광 ← 백바위해수욕장
구봉산전망대
함평 ← 돌머리해수욕장
나주 ← 드들강 솔밭유원지
순천
광양
오도선착장
무안 ← 톱머리해수욕장
외온해변
여수
산안
여수구항 해양공원

완도
완도청해진유적지

<캠핑클럽> 핑클의 선택
용담섬바위

추천
차박지

JTBC 예능프로그램 <캠핑클럽>에서 핑클이 주목한 섬바위는 광활하게 펼쳐진 용담호와 반짝이는 금강이 마주하는 곳에 자리한다. 이곳은 예능뿐만 아니라 <정도전>, <주홍글씨> 등의 드라마와 영화 촬영지로도 유명하다. 얕은 물가에서는 가벼운 물놀이가 가능하고 보트를 타거나 카약도 즐길 수 있다. 무엇보다 아침이면 내려앉는 푸른 물안개와 밤하늘에 피어나는 별들이 아름답다. 단 수심이 깊고 물살이 센 곳이 있으므로 물놀이를 할 때 주의하도록 한다.

주소 전북 진안군 안천면 안용로 832-27 • **시간** 24시간 개방 • **휴무** 없음 • **요금** 무료 • **주차** 무료 • **반려동물** 가능 (목줄 착용, 배변 봉투 지참)

진분홍 꽃잔디 가득한
용담가족테마공원

용의 형상으로 조성된 공원으로 매년 봄에 피어나는 핑크색 꽃잔디가 장관을 이룬다. 12지신 해시계, 여의주 분수대, 어린이 놀이터, 아기자기한 조형물 등 소소한 볼거리가 있다. 특히 아이를 동반한 가족 여행객이 쉬어가기 좋은 곳이다. 작은 전망대에 오르면 용담댐을 볼 수 있다.

주소 전북 진안군 용담면 송풍리 1221-6 • **시간** 24시간 개방 • **휴무** 없음 • **요금** 무료 • **주차** 무료 • **반려동물** 가능(목줄 착용, 배변 봉투 지참)

피톤치드 가득
운장산자연휴양림

진안의 최고봉 운장산 동쪽 기슭에 자리한 자연휴양림으로 복두봉 아래 갈거계곡을 품고 있다. 약 7km에 달하는 계곡은 연중 맑은 물이 흐르며 마당바위, 해기소 등의 비경을 지녔다. 또한 휴양림에는 등산로, 야영장, 산책로 등이 잘 갖춰져 있다.

주소 전북 진안군 정천면 휴양림길 77 • **전화** 063-432-1193 • **시간** 09:00~18:00 • **휴무** 화요일 • **요금** 어른 1,000원, 청소년 600원, 어린이 300원 • **주차** 무료 • **반려동물** 6개월령 이상, 15kg 이하 중·소형견 가능(목줄 착용, 배변 봉투 지참) ※1인 1견 제한, 반려동물 등록 및 예방 접종 완료 시에만 가능 • **홈페이지** www.foresttrip.go.kr

아름다운 협곡의 변주
운일암반일암

추천
차박지

진안군 주천면 대불리와 주양리 사이에 자리한 계곡으로 울창한 수풀과 절벽에 둘러싸여 근사한 풍광을 볼 수 있다. 주요 볼거리로는 족두리바위, 대불바위 등의 기암괴석과 부여의 낙화암까지 뚫려 있다고 하는 용소가 있다. 한여름에도 계곡물이 차고 숲이 우거져 피서객들이 즐겨 찾는다.

주소 전북 진안군 주천면 동상주천로 1716 • **전화** 063-430-8749 • **시간** 24시간 개방 • **휴무** 없음 • **요금** 무료 • **주차** 무료 • **반려동물** 가능(목줄 착용, 배변 봉투 지참)

운해와 호수가 아름다운
국사봉전망대

추천
차박지

국사봉은 해발 475m의 낮은 산이지만 주변에 높은 산이 없어 탁 트인 시야를 자랑한다. 전망대에서는 옥정호를 한눈에 볼 수 있다. 새벽에는 운해가 아름답고 이른 아침에 떠오르는 태양 또한 장엄하여 대전 및 전라북도 지역의 인기 차박지로 손꼽힌다. 옥정호는 섬진강 상류 수계에 있는 인공 호수다. 섬진강 다목적댐 건설로 수위가 높아지자 가옥과 경지가 물에 잠겼는데 그때 지대가 높은 육지가 붕어 모양의 섬으로 남아 붕어섬이 되었다.

주소 전북 임실군 운암면 국사봉로 624(국사봉휴게소) • **전화** 063-644-7766 • **시간** 24시간 개방 • **휴무** 없음 • **요금** 무료 • **주차** 무료 • **반려동물** 가능(목줄 착용, 배변 봉투 지참)

로맨틱 가도

옥정호반 드라이브 코스

©임실군

물안개가 장관을 이루고 굽이굽이 아름다운 곡선이 낭만적인 호수 드라이브 길이다. 건설교통부가 뽑은 '아름다운 한국의 길 100선'에 선정된 바 있다. 이곳에선 질주 본능은 잠시 접어두자. 속도를 조금 늦추고 창문을 열면 느슨하게 불어오는 바람이 마음 깊숙한 곳까지 스며든다.

주소 전북 임실군 운암면 국사봉로(749번 지방도) • **시간** 24시간 개방 • **휴무** 없음 • **요금** 무료 • **주차** 무료 • **반려동물** 가능(목줄 착용, 배변 봉투 지참)

신비의 호수를 걷다

옥정호 물안개길

©임실군

구불구불 호숫가를 따라 걷는 둘레길로 신비로운 옥정호의 정취를 제대로 느낄 수 있다. 운암강 변에 터를 잡은 강촌마을들을 굽이굽이 돌아 붕어섬의 고요한 수변까지 약 13km, 총 3개 구간이다. 가벼운 산책을 원한다면 비교적 짧은 거리인 1구간 혹은 2구간을 추천한다.

주소 전북 임실군 운암면 마암리 산117-4(마암리 버스정류장) • **시간** 24시간 개방 • **휴무** 없음 • **요금** 무료 • **주차** 무료 • **반려동물** 가능(목줄 착용, 배변 봉투 지참)

아이들과 함께

섬진강댐 물문화관

섬진강댐 준공 50주년을 맞아 2015년 개관했다. 가족 여행 시 들러보기 좋은 곳으로, 섬진강에서 유래된 이야기와 섬진강을 배경으로 한 문학작품에 대해 알아보는 다양한 공간이 마련되어 있다. 섬진강 주변의 문화 유적지를 터치스크린 모니터로 검색할 수 있는 섬진강 문화 지도 코너가 특히 인기다.

주소 전북 임실군 운암면 강운로 1239 • **전화** 063-642-6197 • **시간** 10:00~17:00 • **휴무** 월요일, 신정, 설·추석 당일 • **요금** 무료 • **주차** 무료 • **반려동물** 불가

싱그러운 산책
내소사

633년 창건된 천년고찰로 일주문부터 천왕문까지 약 600m가량 이어진 전나무 가로수길이 유명하다. 전나무 숲길이 끝나는 지점부터 약 100m 길이로 단풍나무와 벚나무가 터널을 이루고, 봄에는 특히 대웅보전 주변의 산수유와 목련이 볼만하다.

주소 전북 부안군 진서면 내소사로 191 • **전화** 063-583-7281 • **시간** 일출~일몰 • **휴무** 없음 • **요금** 성인 4,000원, 청소년 3,000원, 어린이 1,000원 • **주차** 최초 1시간 500원(초과 시 10분당 100원), 9시간 이상 5,000원(자정까지) • **반려동물** 불가 • **홈페이지** www.naesosa.kr

전라북도 낭만 노을의 대명사

추천 차박지

모항해수욕장

전북 서해에서 가장 아름다운 정취를 지닌 해변으로 반달처럼 휘어진 모래사장이 더없이 아늑하다. 이곳에서는 해넘이 풍경을 놓치지 말 것. 산악과 바다 풍경이 자연스럽게 어우러져 근사한데, 해변에 놓인 파라솔이 이국적인 정취를 더한다. 조개, 개불 채집 등 해루질이 가능해서 어른 아이 할 것 없이 활동적인 시간을 보내기에도 좋다.

주소 전북 부안군 변산면 모항길 23-1 • **전화** 063-580-4739 • **시간** 24시간 개방 • **휴무** 없음 • **요금** 무료 • **주차** 무료 • **반려동물** 가능(목줄 착용, 배변 봉투 지참) • **홈페이지** www.ibuan.co.kr/tour02/index.htm

변산반도 여행 1번지

채석강

기암괴석들과 수만 권의 책을 겹겹이 포개놓
은 듯한 퇴적암층 낭떠러지로, 변산반도 서쪽
에 자리한 닭이봉의 한 면을 장식한다. 해식동
굴은 격포항 방면에 자리하는데 바다와 기암,
하늘이 어우러진 모습이 아름답다. 멋진 경관
을 즐기기 위해서는 간조 시간을 잘 맞추자.

주소 전북 부안군 변산면 격포리 301-1 • **전화** 063-
582-7808(변산반도국립공원 사무소) • **시간** 24시
간 개방 • **휴무** 없음 • **요금** 무료 • **주차** 무료 • **반려동
물** 가능(목줄 착용, 배변 봉투 지참) • **홈페이지** www.
ibuan.co.kr/tour01/index.htm

그냥 지나치기엔 아쉬워

추천
차박지

변산마실길
졸음 쉼터(모항 방면)

부안군과 문화체육부에서 조성한 곳으로 바다
전망이 뛰어나 잠시 들르기 좋다. 바다를 바라
보며 산책하기 좋은 데크길과 벤치, 바다로 이
어지는 산책로, 청결한 화장실 등이 마련되어
있다. 마실길 트레킹 중 들러도 좋고 모항해수
욕장 차박 대안지로도 부족함이 없다.

주소 전북 부안군 변산면 도청리 산26-34 • **시간** 24
시간 개방 • **휴무** 없음 • **요금** 무료 • **주차** 무료 • **반려동
물** 가능(목줄 착용, 배변 봉투 지참) • **홈페이지** www.
ibuan.co.kr/tour05

서해의 모래 해변

구시포해수욕장

추천
차박지

나지막한 산으로 둘러싸여 있어 아늑하고 여느 서해 바다답지 않게 갯벌 한 점 없는 고운 모래사장이 돋보인다. 전국에서 바다낚시로 손꼽히는 가막도를 비롯해 무수히 많은 섬들이 점점이 흩어져 있으며 이들 뒤로 펼쳐지는 낙조가 아름다운 곳이다. 아담한 솔숲 아래서 차박도 가능하다.

주소 전북 고창군 상하면 진암구시포로 545 • **전화** 063-560-2646 • **시간** 24시간 개방 • **휴무** 없음 • **요금** 무료 • **주차** 무료 • **반려동물** 가능(목줄 착용, 배변 봉투 지참)

드넓은 바다 한가운데 서다

해넘이휴게소

추천
차박지

'새만금'은 전국 최대의 곡창지대인 만경평야와 김제평야가 새로운 옥토를 일구겠다는 의미로, 새만금방조제는 세계에서 가장 긴 방조제로 유명하다. 해넘이휴게소는 새만금방조제에 자리해 서해 한복판에서 망망대해를 그대로 느낄 수 있는 매력적인 곳이다. 일출과 일몰을 함께 만날 수 있고 한여름에도 한기가 느껴질 만큼 시원한 것도 장점이다. 인근에 함께 들를 수 있는 곳으로 삼학도, 선유도, 장자도 등이 있다.

주소 전북 군산시 새만금로 2478 • **시간** 24시간 개방 • **휴무** 없음 • **요금** 무료 • **주차** 무료 • **반려동물** 가능(목줄 착용, 배변 봉투 지참)

인도승이 전한 불교의 땅
백제불교
최초도래지

인도승 마라난타 존자가 기원후 384년에 중국 동진을 거쳐 백제에 불교를 전할 때 최초로 발을 디딘 곳이다. 법성포의 지명도 여기서 유래되었는데, 법(法)은 불교, 성(聖)은 성인 마라난타를 가리킨다. 즉 '성인이 불교를 들여온 포구'라는 뜻으로, 인도의 명승 마라난타가 법성포로 들어와 불갑사를 개창하면서 백제불교가 시작되었다고 전한다.

주소 전남 영광군 법성면 진내리 828 • **전화** 061-350-5999 • **시간** 24시간 개방 • **휴무** 없음 • **요금** 무료 • **주차** 무료 • **반려동물** 가능(목줄 착용, 배변 봉투 지참)

한갓지게 즐기는 일몰 차박

백바위해수욕장

푸른 솔숲과 하얀 바위가 조화를 이루고 고운 모래를 담은 넓은 백사장이 인상적인 해변이다. 간간이 설치된 정자, 갯벌 위에 놓인 나무다리 덕에 만조 때 물에 닿지 않고도 바다 위를 산책할 수 있다. 사람들에게 많이 알려지지 않아 방문객이 적어 한갓지게 여행을 즐기고 싶은 이들에게 안성맞춤이다. 해수욕은 물론 조개잡이 등의 갯벌체험과 계절에 따라 숭어잡이, 염전체험 등도 가능하다.

주소 전남 영광군 염산면 두우리 백바위해수욕장 • **전화** 061-350-5752 • **시간** 24시간 개방 • **휴무** 없음 • **요금** 무료 • **주차** 무료 • **반려동물** 가능(목줄 착용, 배변 봉투 지참)

드라이브 스루 노을 맛집

백수해안도로

영광군 백수읍 길용리에서 백암리 석구미 마을까지 16.8km에 이르는 해안도로다. 해 질 무렵만 되면 전국에서 모여든 사진가들을 쉽게 만날 수 있을 만큼 노을이 아름답기로 유명하다. 동해 못지않은 푸른 바다와 동해에선 쉽게 감상할 수 없는 낙조까지 만날 수 있으니 일석이조!

주소 전남 영광군 백수읍 해안로 957 일원 • **시간** 24시간 개방 • **휴무** 없음 • **요금** 무료 • **주차** 무료 • **반려동물** 가능(목줄 착용, 배변 봉투 지참)

땅끝에서 만난 해변

돌머리해수욕장

추천
차박지

돌머리는 육지의 끝이 바위로 되어 붙여진 이름이다. 서해의 특성상 조수 간만의 차가 커서 썰물 때를 대비해 해변가에 인공 해수 풀도 마련되어 있다. 물이 들어오면 갯벌 탐방로를 걸어서 바다 한가운데까지 들어갈 수 있어 흥미진진하다. 원두막과 야영장 등 편의시설이 잘되어 있는 것도 장점이다.

주소 전남 함평군 함평읍 석성리 523 • **전화** 061-322-0011 • **시간** 24시간 개방 • **휴무** 없음 • **요금** 무료 • **주차** 무료 • **반려동물** 가능(목줄 착용, 배변 봉투 지참)

톱머리해수욕장

무안공항 가까이에 자리해 비행기가 이착륙하는 모습을 볼 수 있는 흔치 않은 해변이다. 수심이 얕고 경사가 완만한 바다는 물놀이에 더할 나위 없이 좋고 갯벌체험도 가능해 활동적인 방문객들이 즐겨 찾는다. 무엇보다 200년 된 솔숲이 매력적인데 그림 같은 낙조를 보면서 하룻밤을 보내기 좋아 오래전부터 캠핑 명소로 유명하다. 또한 숭어, 도미 등 풍부한 어류를 자랑하니 낚시꾼의 발길도 끊이지 않는다. 바로 옆 톱머리항에 비행기 모양의 등대가 시선을 끈다.

추천
차박지

주소 전남 무안군 망운면 피서리 809-33 • 전화 061-450-5706 • 시간 24시간 개방 • 휴무 없음 • 요금 무료 • 주차 무료 • 반려동물 가능(목줄 착용, 배변 봉투 지참)

육지가 되어버린 섬

조금나루유원지

추천
차박지

'조금'은 '조수가 가장 낮을 때'를 이르는 말로
원래 조금에 한 번씩 배를 타고 건너야 하는
섬이었지만 육지와 연결되면서 지금의 조금나
루유원지가 되었다. 4km가 넘는 길이의 백사
장과 우거진 송림이 매력적인 곳으로 캠핑이
나 차박을 즐기기에도 모자람이 없다.

주소 전남 무안군 망운면 조금나루길 297 • **시간** 24
시간 개방 • **휴무** 없음 • **요금** 무료 • **주차** 무료 • **반려동
물** 가능(목줄 착용, 배변 봉투 지참)

람사르습지에 빛나는

무안황토갯벌랜드

무안갯벌은 자연생태의 원시성과 청정 환경을
유지하고 있어 명성이 자자하다. 무엇보다 갯
벌의 생성과 소멸 과정이 한곳에서 관찰되어
지질학적 보전 가치 또한 높다. 무안황토갯벌
랜드는 2001년 국내 최초 습지보호구역으로
지정되었고, 2008년에는 람사르습지로 등록
되었다.

주소 전남 무안군 해제면 만송로 36 • **전화** 061-
450-5636 • **시간** 09:00~18:00 • **휴무** 월요일(공
휴일인 경우 다음 날), 신정, 설·추석 당일 • **요금** 성
인 4,000원, 청소년 3,000원, 어린이 2,000원 • **주차**
무료 • **반려동물** 외부만 가능(목줄 착용, 배변 봉투 지
참) • **홈페이지** getbol.muan.go.kr

아기자기 예쁜 숲속
드들강
솔밭유원지

추천
차박지

드들강 솔밭유원지는 지석천 솔밭유원지라고도 하는데 나주 여행 일번지로 광주에서 꽤 가까운 거리라 주말에는 방문객들이 캠핑과 피크닉을 위해 즐겨 찾는다. 드들강 변으로 이어진 산책길은 특히 고풍스럽고 멋들어진 나무들이 울창하게 드리워져 산책하거나 쉬어가기에도 부족함이 없다. 드들강을 모티브로 한 김소월의 시 「엄마야 누나야」에 곡을 붙인 안성현 선생의 노래비 가는 길도 꼭 들러보자.

주소 전남 나주시 남평읍 남석리 779 • **시간** 24시간 개방 • **휴무** 없음 • **요금** 무료 • **주차** 무료 • **반려동물** 가능(목줄 착용, 배변 봉투 지참)

남해를 한눈에
와온해변

추천
차박지

여수시 가장리와 고흥반도에 인접한 약 3km 길이의 아담한 해변이다. 인스타그램 감성 사진으로 명소가 되었는데 찰랑거리는 바다와 석양, 그림자로 점철된 핑크빛 일몰 반영이 특히 매력적이다. 일몰 때는 방문객이 많을 수 있으므로 일찍 도착해서 해변 산책 후 일몰 포인트로 이동하면 여유롭게 즐길 수 있다. 내비게이션 목적지는 넓은 주차장과 화장실이 자리한 와온항으로 찍고 가는 게 유리하다.

주소 전남 순천시 해룡면 와온길 133 • **전화** 061-749-3107(순천역 관광안내소) • **시간** 24시간 개방 • **휴무** 없음 • **요금** 무료 • **주차** 무료 • **반려동물** 가능(목줄 착용, 배변 봉투 지참)

광양의 뷰 맛집
구봉산전망대

추천
차박지

이순신대교, 광양제철을 품은 광양만과 봉화산, 순천 검단산성, 순천왜성이 시원하게 펼쳐진다. 무엇보다 산 정상에 자리하여 일출과 일몰, 야경까지 한자리에서 만날 수 있다는 것도 장점이다. 드넓은 주차장과 깔끔한 화장실, 데크로 잘 정비된 산책길까지 훌륭히 조성되어 있어 한나절 느긋하게 시간을 보내기에 좋다. 주차장 끝자락에 자리한 왕복 2km 정도의 아담한 구봉산 희양숲길도 놓치지 말자.

주소 전남 광양시 구봉산전망대길 155 • **시간** 24시간 개방 • **휴무** 없음 • **요금** 무료 • **주차** 무료 • **반려동물** 가능(목줄 착용, 배변 봉투 지참)

천사대교가 시원하게 펼쳐진
오도선착장

천사대교는 1,004개의 섬으로 이루어진 신안군의 지역 특색을 반영한 이름으로 신안 압해도와 암태도를 연결한 길이 약 7km 이상의 자동차 전용 도로이다. 국내에서 유일하게 사장교와 현수교가 하나의 다리에 혼합된 형태이기도 하다. 오도선착장은 이런 천사대교를 한눈에 조망할 수 있는 휴게소 역할까지 하는 곳으로 암태면에 자리한다. 천사대교와 함께 사진을 찍을 수 있는 천사 포토 존과 드넓은 신안 바다를 파노라마 뷰로 만날 수 있는 데크 쉼터가 있다.

추천
차박지

주소 전남 신안군 암태면 신석리 • **시간** 24시간 개방 • **휴무** 없음 • **요금** 무료 • **주차** 무료 • **반려동물** 가능(목줄 착용, 배변 봉투 지참)

완도의 상징

완도타워

드라마 단골 촬영지로 UFO가 연상되는 미래 지향적 외관이 인상적이다. 완도의 푸른 바다와 주변 정취를 한눈에 만날 수 있고 광장, 산책로, 쉼터, 크로마키 포토 존과 액티비티를 즐길 수 있는 완도타워스카이가 함께 조성되어 있다. 부드러운 빵에 전복 하나가 통째로 들어간 '장보고빵'은 완도타워에서 놓치지 말아야 할 먹거리다.

주소 전남 완도군 완도읍 장보고대로 330 • **전화** 061-550-6964 • **시간** 5~9월 09:00~22:00, 10~4월 09:00~21:00 • **휴무** 없음 • **요금** 성인 2,000원, 청소년 1,500원, 어린이 1,000원(모노레일 성인·청소년 6,000원, 초등학생 4,000원) • **주차** 무료 • **반려동물** 외부만 가능(목줄 착용, 배변 봉투 지참)

해상왕 장보고 역사공원

완도청해진유적지

통일신라시대 장보고 장군이 이룬 청해진의 유적지. 장좌리 앞바다에 자리한 장도를 중심으로 장보고기념관, 장보고공원 등이 볼거리다. 장도는 장도목교를 통해 시간과 관계없이 자유롭게 출입할 수 있다. 장보고공원은 장보고기념관, 관광정보센터와 함께 자리한다. 함께 둘러보기 좋은 곳으로 청해포구촬영장이 있다.

주소 전남 완도군 완도읍 장좌리 787 • **전화** 061-550-6930 • **시간** 24시간 개방 • **휴무** 없음 • **요금** 무료 • **주차** 무료 • **반려동물** 가능(목줄 착용, 배변 봉투 지참)

『하멜표류기』를 찾아서

여수구항
해양공원

추천
차박지

빨간 하멜등대가 인상적인 여수의 옛 항구 주변에 마련된 해변 공원. 하멜등대는 유럽에 최초로 우리나라를 소개한 『하멜표류기』의 저자 헨드릭 하멜의 이름을 따서 만든 무인 등대. 등대를 중심으로 하멜수변공원, 하멜전시관, 돌산공원 등과 함께 낭만적인 여수 밤바다를 만날 수 있다. 항구 앞으로 '낭만 포차'를 콘셉트로 한 식당에서 즐기는 여수삼합은 놓치지 말아야 할 이곳의 대표 먹거리. 함께 둘러보기 좋은 곳으로 향일암, 금오도 등이 있다.

주소 전남 여수시 종화동 458-7 • **시간** 24시간 개방 • **휴무** 없음 • **요금** 무료 • **주차** 무료 • **반려동물** 가능(목줄 착용, 배변 봉투 지참)

AREA 5

영남권

바다를 두루 만나는 해파랑길과 깊은 산속으로 들어가는 트레킹 코스,
등산하기 좋은 곳들이 여럿 포진해 있다. 활동적인 차박러라면 그 어느 곳보다
영남 지역을 주목하자.

✦ 대표 추천 차박지

충청북도

전라북도

전라남도

├ 무섬마을

영주

└ 구산해수욕장 ┤ 울진

├ 낙강물길공원   ├ 고래불해수욕장

안동   └ 영덕

주산지 ┤ ● 청송

├ 나정고운모래해변 ┐

경주

감악산 풍력발전단지   거창   합천   ┌ 강양항

함양   ├ 오도산전망대   ┤ 위양지   울산

┤ 한우산   밀양

의령

└ 오랑대공원

부산

부산 대표 차박 성지
오랑대공원

추천
차박지

드라이브 코스로 유명한 기장해안로에 자리해 바다 전망 차박을 즐길 수 있어 인기 만점이다. 깔끔한 화장실과 잘 관리되고 있는 공원도 좋지만 추암해수욕장을 방불케 하는 기암괴석이 발달하여 절경을 이룬 모습이 연신 감탄을 자아낸다. 아름다운 해안선을 따라 걸을 수 있는 오시리아 해안산책로, 해동용궁사, 죽성드림성당, 이케아 등 가볼 만한 주변 여행지도 많다. 이런 환경 덕분에 차박뿐 아니라 피크닉을 즐기려는 방문객들도 자주 찾는 명소다.

주소 부산 기장군 기장읍 연화리 • **시간** 24시간 개방 • **휴무** 없음 • **요금** 무료 • **주차** 공영주차장 10분당 300원, 1일 최대 8,000원 • **반려동물** 가능(목줄 착용, 배변 봉투 지참)

 PLUS

오시리아 해안산책로
일출 명소 오랑대를 비롯해 아름다운 바다를 감상하는 재미가 쏠쏠한 부산 최고의 해안산책로이다. 총길이 2.1km로, 연화리에서 동암마을까지 이어진다. 오랑대 구간은 기암절벽에 부딪히는 파도와 힘차게 떠오르는 해돋이가 일품이다. 보랏빛 해양식물 부산꼬리풀 감상은 덤이다.

소원을 말해봐

해동용궁사

한 가지 소원을 꼭 이루어준다는 영험한 사찰로 유명하다. 용궁사 안에 들어가 보면 바다와 함께 우뚝 서 있는 사찰의 모습에 할 말을 잃게 된다. 해가 제일 먼저 뜬다는 일출암, 우리나라 최대의 석상인 해수관음대불, 대웅전 옆 굴법당의 득남불은 절대 놓치지 말자.

주소 부산 기장군 기장읍 용궁길 86 • **전화** 051-722-7744 • **시간** 05:00~일몰 • **휴무** 없음 • **요금** 무료 • **주차** 3,000원 • **반려동물** 외부만 가능(목줄 착용, 배변 봉투 지참) • **홈페이지** www.yongkungsa.or.kr

막 찍어도 '화보각'

죽성드림성당

SBS 드라마 <드림> 촬영지로 유명한 절벽가 성당이다. 서양식 단층 건물로 원래는 세트장으로 만들었다가 드라마가 끝난 후 작은 갤러리로 일반인에게 공개되었다. 절벽과 함께 담은 성당 의 모습도 예쁘지만 성당 옆 군데군데에 사진으로 남길 만한 포토 존이 많아 사진 찍는 재미가 쏠쏠하다.

주소 부산 기장군 기장읍 죽성리 134-7 • **시간** 24시간 개방(갤러리 별도) • **휴무** 없음 • **요금** 무료 • **주차** 무료 • **반려동물** 가능(목줄 착용, 배변 봉투 지참)

샛노란 수선화의 천국

오륙도
해맞이공원

추천
차박지

봄이면 수선화 아름답게 핀 언덕과 유채꽃의 향연 그리고 파란 바다를 한눈에 볼 수 있어 인기가 많다. 오륙도는 국가지정문화재 명승 제24호로 지정되어 부산의 오랜 상징으로 자리 잡았다. '오륙도'란 이름은 6개의 바위섬이 나란히 뻗어 있는 모습이 동쪽에서 보면 6개, 서쪽에서 보면 5개의 봉우리가 된다는 것에서 유래했다. 오륙도해맞이공원 언덕에서 이기대 해안산책로가 연결되니 시간적 여유가 있다면 가벼운 트레킹 코스를 즐겨봐도 무리가 없다.

주소 부산 남구 용호동 산197-5 • **시간** 24시간 개방 • **휴무** 없음 • **요금** 무료 • **주차** 무료 • **반려동물** 가능(목줄 착용, 배변 봉투 지참)

사진가들이 사랑한
강양항

 추천
차박지

울산 진하해수욕장 인근에 자리한 강양항은 바로 앞에 자리한 섬 명선도를 배경으로 떠오르는 붉은 태양이 아름다워 전국의 사진가들이 모여드는 곳이다. 일출 무렵 바다 표면 위로 아스라이 피어오른 물안개를 가르며 항구로 들어오는 멸치 배는 그야말로 한 폭의 그림이 따로 없다. 갈매기 떼, 물안개, 바다 위 찬란하게 떠오르는 오메가 일출, 멸치잡이 배를 한 번에 만나고 싶다면 겨울철이 정답이다.

주소 울산 울주군 온산읍 강양길 122 • **시간** 24시간 개방 • **휴무** 없음 • **요금** 무료 • **주차** 무료 • **반려동물** 가능(목줄 착용, 배변 봉투 지참)

팔만대장경을 품은 천년고찰

해인사

통도사, 송광사와 더불어 한국의 삼보(三寶)
사찰로 꼽힌다. 화엄경에 나오는 '해인삼매'라
는 구절에서 따와 지금의 이름이 되었다. 세계
에서 가장 포괄적이며, 교정이 정확하고 완벽
한 대장경으로 평가받는 팔만대장경을 만난
후에 최치원 선생이 생각나는 해인사 소리길
홍류동계곡까지 자분자분 걸어보자.

주소 경남 합천군 가야면 해인사길 122 • **전화** 055-
934-3000 • **시간** 팔만대장경 하절기 08:30~18:00,
동절기 08:30~17:00 • **휴무** 없음 • **요금** 성인 3,000
원, 청소년 1,500원, 어린이 700원 • **주차** 경차
2,000원, 승용차 4,000원 • **반려동물** 불가 • **홈페이지**
www.haeinsa.or.kr

운해 입은 합천의 절경

추천
차박지

오도산전망대

'합천 여행 1번지' 해인사를 능가할 만큼 아름
다운 여행지이다. 해발 1,134m 오도산 정상
에서는 아름다운 운해와 별들을 볼 수 있어 사
진가들의 출사 포인트로 유명하다. 정상에 들
어선 KT 중계소 덕분에 전망대까지 차량 이동
도 가능하다. 10km의 제법 잘 닦인 길을 따라
올라 내려다본 풍경은 아찔한 장관을 연출한
다. 어느 한곳 시야를 가리는 데가 없으니 탁
트인 시원함은 두 말 할 나위가 없다.

주소 경남 거창군 가조면 도리 산61-2 • **시간** 24시간
개방 • **휴무** 없음 • **요금** 무료 • **주차** 무료 • **반려동물** 가
능(목줄 착용, 배변 봉투 지참)

대한민국 철쭉 명산

황매산

추천
차박지

해마다 5월이면 온 산이 철쭉으로 물결을 이루는데, 이를 보기 위해 몰려든 인파로 도로 위의 차량만 해도 수백 미터에 달한다. 철쭉 반, 사람 반이라 해도 지나치지 않을 정도. 황매평전을 지나 북동쪽에 자리한 끝부분이 갈라진 순결바위도 볼거리다. 황매평전이 있는 8부 능선까지 차량으로 올라갈 수 있다.

주소 경남 합천군 가회면 둔내리 산219 · **전화** 055-970-6000 · **시간** 24시간 개방 · **휴무** 없음 · **요금** 무료 · **주차** 4시간 4,000원(초과 시 매시간 1,000원) · **반려동물** 불가

바람의 언덕
감악산 풍력발전단지

추천
차박지

해발 952m로 덕유산, 가야산, 지리산, 오도산, 황매산 등이 둘러싸고 있어 아름다운 산세가 일품이다. 한여름엔 한기가 느껴질 만큼 시원하고, 밤하늘에 별 총총 은하수 명소로 유명하다. 게다가 일출과 일몰을 한자리에서 만날 수 있어 알음알음으로 해맞이 명소로도 소문이 났다. 산 정상까지 차량으로 올라갈 수 있는 것도 장점이다. 풍력발전단지를 한 바퀴 둘러보고 정자에 앉아 시원한 바람을 맞으며 힐링하기 좋다.

주소 경남 거창군 신원면 연수사길 456 • **시간** 24시간 개방 • **휴무** 없음 • **요금** 무료 • **주차** 무료 • **반려동물** 가능(목줄 착용, 배변 봉투 지참)

자동차 광고 한번 찍어볼까?
지안재(오도재)

지안재는 2004년에 개통된 함양에서 지리산으로 가는 지름길이다. 구불구불 휘어진 곡선이 주변 풍경과 어우러져 '한국의 아름다운 길 100선'에 오르기도 했다. 곡선이 거의 끝난 지점에 지안재를 조망할 수 있는 작은 데크가 마련되어 있다. 야간에는 자동차 궤적 촬영 포인트가 되는 곳이다.

주소 경남 함양군 함양읍 구룡리 산119-3 • **시간** 24시간 개방 • **휴무** 없음 • **요금** 무료 • **주차** 무료 • **반려동물** 가능 (목줄 착용, 배변 봉투 지참)

아름다운 시절
한우산

추천
차박지

봄이면 산 전역을 뒤덮는 선홍색 철쭉, 가을이면 핏빛 단풍과 눈부시게 빛나는 황금빛 억새로 유명하다. 풍력단지가 자리해 등산객은 물론 관광객의 발길이 끊이지 않는다. 굳이 산행을 하지 않더라도 쇠목재, 한우산 생태주차장, 생태숲홍보관까지 차량으로 수월하게 오를 수 있기 때문이다. 무엇보다 일몰과 일출을 볼 수 있고 이른 아침에는 운무를, 한밤중에는 은하수를 감상할 수 있어 더욱더 매력적이다. 주말 및 공휴일에는 정상 부근으로 차량 출입을 통제하므로 주의할 것.

주소 경남 의령군 대의면 신전리 한우산주차장 • **시간** 24시간 개방 • **휴무** 없음 • **요금** 무료 • **주차** 무료 • **반려동물** 가능(목줄 착용, 배변 봉투 지참)

도깨비숲 속 슬픈 사랑
설화원

한우도령과 응봉낭자의 슬픈 사랑 이야기가 어린 이곳은 한우산에 얽힌 설화를 재미있는 조형물로 표현한 곳이다. 한우도령을 괴롭히는 도깨비, 비가 된 한우도령, 철쭉이 된 응봉낭자, 철쭉을 삼킨 도깨비, 응봉낭자를 사랑한 도깨비 쇠목이 등 스토리를 따라 걸으며 소소한 산책을 즐겨보자.

주소 경남 의령군 대의면 한우산길 774 • **시간** 24시간 개방 • **휴무** 없음 • **요금** 무료 • **주차** 무료 • **반려동물** 가능(목줄 착용, 배변 봉투 지참)

서정적인 호수의 낭만
위양지

밀양8경 중 하나로 손꼽히는 이곳은 이팝나무 꽃이 흐드러져 호수에 비친 반영의 미를 자랑한다. 매년 봄에는 이팝나무, 가을에는 단풍을 찍기 위해 전국의 사진가들이 모여든다. 위양지는 신라시대 농업용수 공급을 목적으로 만들어진 저수지 중 하나였으나 지금은 '아름다운 숲 전국대회'에서 수상할 만큼 서정적인 정취가 매력적이다. 호수 가운데 자리한 완재정은 1900년에 만들어진 안동권씨의 재실로 고색창연한 모습이 근사하다.

주소 경남 밀양시 부북면 위양리 279-2 **· 시간** 24시간 개방 **· 휴무** 없음 **· 요금** 무료 **· 주차** 무료 **· 반려동물** 가능(목줄 착용, 배변 봉투 지참)

별 헤는 밤
화산산성전망대

해발 700m의 화산마을 꼭대기에 자리한다. 이곳이 유명한 이유는 새가산, 절뒷산, 너치레산 등의 나지막한 산들이 발아래 군위댐을 둘러싸고 있어 근사한 절경을 이루기 때문이다. 달 없는 맑은 날이면 밤하늘에 빼곡히 박힌 별을 맨눈으로 만날 수 있고, 3월부터 10월까지는 은하수도 볼 수 있어 별을 좋아하는 이들에겐 성지 같은 곳이다. 함께 둘러볼 곳으로 화산산성, <리틀 포레스트> 촬영지 등이 있다.

주소 경북 군위군 삼국유사면 화북리 산230 **· 시간** 24시간 개방 **· 휴무** 없음 **· 요금** 무료 **· 주차** 무료 **· 반려동물** 가능(목줄 착용, 배변 봉투 지참)

영롱한 에메랄드빛 바다
고래불해수욕장

추천
차박지

동해안이라고 다 같은 동해가 아니다. 영덕 고래불해수욕장은 약 8km의 기다란 모래 해변과, 놀라우리만치 아름다운 에메랄드 색감의 바다가 인상적이다. '고래불'이란 이름은 정몽주, 길재와 함께 고려 3대 충신 이색이 근처의 산에 올라 커다란 고래들이 용맹하게 헤엄치는 것을 보고 지었다고. 인근에 자리한 괴시리 전통마을, 벌영리 메타세콰이어 숲길, 해파랑공원, 영덕풍력발전단지 등을 함께 둘러볼 수 있다.

주소 경북 영덕군 병곡면 병곡리 72-10 • **전화** 054-730-7802(면사무소) • **시간** 24시간 개방 • **휴무** 없음 • **요금** 무료 • **주차** 무료 • **반려동물** 가능(목줄 착용, 배변 봉투 지참) • **홈페이지** www.goraebul.or.kr

여기 한국 맞아?

영덕풍력발전단지

현지인들이 추천하는 영덕 여행지 중 한 곳으로 제주도를 제외하면 국내에서 유일하게 산과 바다를 동시에 조망할 수 있는 풍력발전단지다. 산등성이에서 느리게 돌아가는 새하얀 풍력발전기와 이국적인 색감의 영덕 앞바다가 파노라마 뷰로 펼쳐지며 스페인의 어느 작은 어촌마을에 온 듯 착각을 불러일으킨다. 무엇보다 공원과 캠핑장 등 부대시설이 잘 갖춰져 있어 가족 나들이에 안성맞춤이다.

주소 경북 영덕군 영덕읍 창포리 328-1 • **시간** 24시간 개방 • **휴무** 없음 • **요금** 무료 • **주차** 무료 • **반려동물** 가능(목줄 착용, 배변 봉투 지참)

한국의 지베르니

낙강물길공원

프랑스의 지베르니를 방불케 할 만큼 아름다워 한국의 지베르니라 불리는 곳. 몽환적인 분위기가 느껴진다 하여 일각에서는 비밀의 숲이라고도 부른다. 실제로 숲속 정원, 아담한 아치형 다리, 숲속 쉼터 등 작은 호수와 수생식물, 초록 나무들이 한데 어우러져 있어 어느 곳을 보아도 싱그러움이 가득하다. 인스타그램 사진 맛집으로 소문난 만큼 머무는 내내 셔터를 멈출 수 없는 곳이다.

주소 경북 안동시 상아동 423 • **시간** 24시간 개방 • **휴무** 없음 • **요금** 무료 • **주차** 무료 • **반려동물** 불가

한옥마을 힐링 산책

무섬마을

추천
차박지

영주는 세계문화유산 부석사, 우리나라 최초의 서원 소수서원으로 유명하다. 무섬마을은 전통가옥이 하나의 마을을 이룬 한옥마을로 CF, 영화, 드라마 속 단골 촬영지다. 반남박씨 박수가 1666년 이곳에 터를 잡아 조성되었고, 지금까지 잘 보존된 고택과 정자, 초가집 덕분에 고즈넉하고 예스러운 모습이 훌륭하게 남아 있는 마을로 손꼽힌다. 마을을 한 바퀴 산책하기 좋은 무섬마을 둘레길, 자전거길, 통나무를 반으로 잘라 만든 외나무다리가 주요 볼거리다.

주소 경북 영주시 문수면 탄산리 766 • **시간** 24시간 개방 • **휴무** 없음 • **요금** 무료 • **주차** 무료 • **반려동물** 가능(목줄 착용, 배변 봉투 지참)

고목 품은 신비의 호수
주산지

추천
차박지

김기덕 감독의 영화 <봄 여름 가을 겨울 그리고 봄>의 촬영지로 매년 단풍이 아름답게 물든 가을이 오면 전국의 사진가들을 불러 모은다. 물에 잠긴 고목이 호수에 비친 반영도 그렇지만 가을 새벽녘 수면 위로 미끄러지듯 유영하는 물안개는 숲속의 정령이 나타날 것만 같은 신비로운 분위기를 자아낸다.

주소 경북 청송군 주왕산면 주산지리 73 • **시간** 24시간 개방 • **휴무** 없음 • **요금** 무료 • **주차** 무료 • **반려동물** 불가

캠핑카 성지

나정
고운모래해변

푸른빛을 띤 투명한 바다가 아름다운 해변이다. 주차장이 넓고 편의시설이 잘되어 있는 데다 취사도 가능하여 경상도 지역의 인기 차박지로 통한다. 캠핑카 성지라 불릴 만큼 인기가 높은데, 실로 다양한 캠핑카들이 줄을 잇는 모습은 캠핑박람회를 방불케 한다. 해수욕장 바로 앞으로 온천을 즐길 수 있는 해수탕이 자리해 한겨울에도 부담 없이 씻을 수 있고 편의점은 기본, 과일과 빵 등을 판매하는 이들도 자주 보여 여행 준비를 꼼꼼하게 하지 못했어도 불편함이 없다. 모터보트, 바나나보트 등 수상레저를 즐길 수 있는 것도 장점이다.

 추천
차박지

주소 경북 경주시 감포읍 동해안로 1915 • **시간** 24시간 개방 • **휴무** 없음 • **요금** 무료 • **주차** 무료 • **반려동물** 가능
(목줄 착용, 배변 봉투 지참)

통일신라 전설의 왕을 만나는

감은사지
삼층석탑

신라를 통일하고 동해의 용이 되고자 한 문무왕을 기리는 절터에 자리한 석탑이다. 감은사지삼층석탑은 동탑과 서탑으로 이루어진 13.4m의 쌍탑이다. 통일신라 때 만들어진 가장 큰 석탑으로 하나의 큰 돌을 다듬어 만든 것이 아닌 여러 돌을 짜 맞춘 형식을 특징으로 한다.

주소 경북 경주시 양북면 용당리 55-9 · **전화** 054-779-8743(경주시 사적관리과) · **시간** 24시간 개방 · **휴무** 없음 · **요금** 무료 · **주차** 무료 · **반려동물** 불가

세상에 단 하나뿐인 수중 무덤

문무대왕릉

신라 제30대 왕으로 김유신과 함께 백제, 고구
려를 멸망시키고 삼국통일을 이룩한 문무왕의
무덤이다. 다른 능과는 달리 세계에서 유일한
수중 무덤으로 자연 바위를 이용해 만들었다.
멀리서 보면 평범한 바위처럼 보이지만 위에
서 내려다보면 동서남북 방향으로 조성된 수
로가 특징이라고.

주소 경북 경주시 양북면 봉길해안길 11 · **전화** 054-
779-8743(경주시 사적관리과) · **시간** 24시간 개
방 · **휴무** 없음 · **요금** 무료 · **주차** 무료 · **반려동물** 가능
(목줄 착용, 배변 봉투 지참)

천년의 이야기길

해파랑길

해파랑길은 '떠오르는 해와 푸른 바다를 길동
무 삼아 걷는 길'이라는 뜻으로 부산 오륙도해
맞이공원에서 강원도 고성 통일전망대까지
이어진 750km의 트레킹 코스다. 해파랑길
11코스 경주 구간은 나아해변을 시작으로 문
무대왕릉, 이견대 등을 지나 감포항까지 이어
진다. 17.1km의 트레일로 약 5시간이 소요된
다. 코스 내 봉길터널은 보행 이동이 불가하므
로 버스를 이용하자.

주소 경북 경주시 양남면 나아리 나아해변(시작점) ·
시간 24시간 개방 · **휴무** 없음 · **요금** 무료 · **주차** 무료 ·
반려동물 가능(목줄 착용, 배변 봉투 지참) · **홈페이지**
www.durunubi.kr

아기자기 어촌마을 산책

후포항

최근 가장 핫한 명소로 떠오른 스카이워크는 물론 동네 한 바퀴
돌듯 가볍게 산책하기 좋은 등기산공원과 백년손님 벽화마을
을 둘러볼 수 있어 매력적이다. 활기찬 아침을 여는 대게 위판
장에서는 도시에서는 보기 어려운 어부들의 일상을 코앞에서
만나볼 수 있으니 놓치지 말자.

주소 경북 울진군 후포면 울진대게로 236-14 • **시간** 24시간 개방 • **휴무** 없음 • **요금** 무료 • **주차** 무료 • **반려동물** 가
능(목줄 착용, 배변 봉투 지참)

동해 낭만 오션뷰 차박

구산해수욕장

추천
차박지

관동8경 중 하나인 월송정 북쪽에 있는 해변으로 깨끗한 바닷물과 넓은 백사장, 완만한 경사, 울
창한 솔숲이 훌륭하다. 해먹을 챙기면 솔숲에서 느긋하게 낮잠 자는 시간도 즐길 수 있다. 굳이 멀
리까지 안 나가도 해변에서 장엄한 동해 일출을 감상할 수 있다. 카누, 바나나보트 등 수상레저도
즐길 수 있어 아웃도어 활동을 즐기는 이들에게 더욱 환영받는 곳이다. JTBC 예능프로그램 <캠
핑클럽>에 정박지로 나와 대대적인 주목을 받기도 했다.

주소 경북 울진군 기성면 기성로 108 • **전화** 054-789-6901(울진군 해양수산과) • **시간** 24시간 개방 • **휴무** 없
음 • **요금** 무료 • **주차** 무료 • **반려동물** 가능(목줄 착용, 배변 봉투 지참)

PLUS 오토캠핑장, 카라반캠핑장과
카페, 편의점 등이 마련되어 있
고, 해수욕장 주변에 월송정, 백
암온천 등 울진의 대표 여행지
가 자리한다.

문인들의 핫 플레이스
망양정

조선 제19대 왕 숙종은 망양정에서 바라보는 경치가 관동8경 가운데 제일이라 하여 '관동제일루(關東第一樓)'라는 현판을 하사했다고 한다. 뿐만 아니라 송강 정철, 겸재 정선 등 망양정의 절경에 빠져 시를 쓰고 그림을 그린 이들이 많은 걸 보면 확실히 당대의 핫 플레이스라 할 수 있겠다.

주소 경북 울진군 근남면 산포리 716-1 • **전화** 054-789-6921(울진군청 문화관광과) • **시간** 24시간 개방 • **휴무** 없음 • **요금** 무료 • **주차** 무료 • **반려동물** 가능(목줄 착용, 배변 봉투 지참)

지금 사랑하고 있다면
죽변항

바위 절벽에 자리한 주황색 지붕의 집은 SBS 드라마 <폭풍 속으로>의 세트장 '어부의 집'이다. 하트 모양을 그리고 있는 하트해변은 커플 여행의 성지가 된 이유이자 SNS 단골 인증 사진 포인트다. 이곳에서 3분 거리인 죽변등대는 죽변항 일대를 한눈에 볼 수 있어 주변에서 가장 전망 좋은 곳으로 꼽힌다.

주소 경북 울진군 죽변면 죽변항길 124 • **시간** 24시간 개방 • **휴무** 없음 • **요금** 무료 • **주차** 무료 • **반려동물** 가능(목줄 착용, 배변 봉투 지참)

제주도
차박여행 가이드

내 차로 떠나는 제주도는 여행의 로망이다. 차박여행자라면 더욱 그럴 것이다.
그러나 렌트가 아니면 준비해야 할 것들이 더 많다. 비용 문제와 차량 선적 등
신경 써야 할 일이 적지 않기 때문이다. 그래서 준비했다. 제주도 차박여행의 모든 것!

육지에서
제주도 들어가기

차량을 가지고 제주도로 들어가는 방법은 배편으로 이동하는 것이다.
제주도에 차량을 가져가는 방법은 3가지. 첫 번째, 인천항을 이용한다면
차량만 배에 선적한 후 사람은 비행기로 이동할 수 있다. 두 번째, 탁송
업체를 이용하면 집에서 차량을 보내고 제주에서 받을 수 있도록 해주
어 편리하다. 세 번째, 직접 운전하여 제주행 배편을 이용하는 방법이다.
여행이 목적이므로 대부분의 여행자는 비용이나 소요 시간을 생각해 세
번째 방법을 선택하는 경향이 있다. 차량 선적이 가능한 배편은 현재 부
산, 목포, 완도, 여수, 고흥 5곳이 있다. 이 중 거주지에서 가까운 곳으로
결정하고 배편 예약은 가능한 한 일주일 전에 마치도록 한다. 수도권 거
주자들은 대체로 이동 시간이 적은 완도항을 이용한다. 배편 예약은 '가
보고 싶은 섬(island.haewoon.co.kr)', '배표천국(vepyo.com)'이 대표적
이다. 차량 선적 시 선적 비용에 승객 탑승 비용은 포함되지 않으므로 각
각 따로 예매해야 한다.

>>>=== (CHECK POINT)===<<<

수도권에서 출발 시, 근교 여행 일정도 챙겨요!
수도권에서는 제주도로 곧장 가는 배편이 없으므로 남부 지방으로의 장거
리 운전을 피할 수 없다. 차박은 운전이 필수적인 여행인 만큼 컨디션을 조
절해야 더 즐겁고 특별한 추억을 만들 수 있을 터. 그러니 일정에 충분한 시
간을 확보하여 가는 날과 오는 날 각각 하루씩 쉬어가는 여행지를 정하면
좋다. 운전의 피로를 줄여주고 평소 쉽게 마음내기 어려웠던 남부 여행지를
함께 둘러볼 수 있으니 1석 2조다. 수도권에서는 주로 서해안고속도로를
이용하게 되므로 쉬어가는 여행지로 태안, 변산, 목포, 여수, 순천, 완도 정도
를 추천한다.

배편, 알뜰 구매 팁

운항사에 따라 할인 이벤트를 진행할 때가 있다. 먼저 배편 예약 사이트
에서 스케줄을 확인한 후 해당 운항사 홈페이지를 확인해보자. 시기에
따라 얼리버드 할인 이벤트, 감사 이벤트 등을 활용하면 적게는 수만 원,
많게는 십여 만 원 이상을 절약할 수 있다.
부산 출발의 경우 다른 지역보다 기본 선적 비용이 높게 책정되어 있다.
연비가 좋은 차량이라면 완도, 여수, 고흥 쪽에서 차량을 선적해서 비용
을 줄일 수 있다. 다만 장시간 운전이 불가피하므로 시간적 여유가 충분
하여 해당 지역을 함께 여행할 경우 유리하다.

3

여객터미널 이용 시
주의사항

- 여객터미널에 도착하면 가장 먼저 차량을 선적해야 한다. 항구 내 차량 선적 배표 구입처로 이동해 예약한 차량 선적표를 발권한 후 차를 싣자.

- 차량 선적을 마친 승객은 여객터미널로 돌아가 예약한 표 발권 및 탑승을 마친다.

- 여객터미널에서 예약한 표를 발권하거나 배에 탑승할 때, 반드시 신분증을 제시해야 한다.

- 신분증을 두고 왔다면 여객터미널 내 무인민원발권기를 이용해 증빙 서류를 발급할 수 있다.

- 차량 선적은 보통 출발 30분 전까지 완료해야 하므로 출발 시간 최소 1시간 전 여객터미널에 도착하는 게 좋다.

- 반려동물 동반 탑승 시 반드시 하드 케이지(이동장)를 이용해야 한다.

TIP

한 달 살기, 장기 여행 꿀팁

1 목욕은 동네 목욕탕을 이용하자. 24시간 찜질방보다 저렴하다.
2 코인세탁소를 이용해 주 1회 깔끔하게 세탁을 끝내자.
3 자주 사용하는 짐은 손이 잘 닿는 곳에 보관한다.
4 필요한 옷가지만 준비하면 짐을 훨씬 줄일 수 있다.

4

차량 선적 시
주의사항

- 차량 선적 시에는 운전자만 탑승해야 한다.

- 차량 선적은 운항사에 따라 다르지만 출발 시각 최소 30분 전에는 완료해야 한다.

- 차량 선적이 끝나면 여객터미널로 돌아가 승선을 마친다.

- 필요한 물품이나 귀중품은 차량을 선적하기 전에 미리 챙겨둬야 한다. 일단 승선하면 차량 쪽으로 이동할 수 없다.

섬 차박 노하우

섬에서 차박을 할 때엔 배편 운항 일정과 시간을 미리 확인한다. 주유는 육지에서 가득 채우는 게 좋다. 섬에선 주유소를 찾기 힘들 수 있고, 찾더라도 육지에 비해 유류비가 비싸다. 가능하면 현금을 챙기는 것이 좋은데, 관광명소가 아닌 곳은 카드 결제기가 없는 경우도 적지 않다. 특히 작은 동네는 현금인출기를 찾기 어렵다. 겨울에는 방한복, 여름에는 긴 소매 옷을 꼭 챙기자. 바닷가는 우리의 생각보다 겨울엔 더 춥고, 여름엔 더 뜨겁다. 그 외 신분증을 비롯해 멀미약, 모기약, 해충방지제 등 비상약을 챙기는 것도 잊지 말 것.

제주도 차박여행 코스

동부와 서부, 남부로 나누어 여행하는 3박 4일 코스다. 제주도 일주 코스는 P.32를 참조하자.

제주 동부 일주

1일 제주항 도착 후 저녁 식사 ▶ 함덕해수욕장 차박

2일 일출 감상 후 아침 식사 ▶ 서우봉 해안산책로 산책 ▶ 월정리해수욕장 ▶ 점심 식사 ▶ 비자림 ▶ 저녁 식사 ▶ 세화해수욕장 차박

3일 일출 감상 후 아침 식사 ▶ 세화해수욕장 산책 ▶ 종달리해안도로 드라이브 ▶ 점심 식사 ▶ 지미봉 트레킹 ▶ 저녁 식사 ▶ 광치기해변 차박

4일 기상 후 아침 식사 ▶ 제주항 출발

제주 서부 일주

1일 제주항 도착 후 이동 ▶ 일몰 감상 후 저녁 식사 ▶ 싱계물공원 차박

2일 기상 후 아침 식사 ▶ 신창~용수 해안도로 드라이브 ▶ 점심 식사 ▶ 해오름전망대 ▶ 월령선인장군락지 산책 ▶ 일몰 감상 후 저녁 식사 ▶ 금능해수욕장 차박

3일 기상 후 아침 식사 ▶ 새별오름 트레킹 ▶ 점심 식사 ▶ 한담해안산책로 ▶ 일몰 감상 후 저녁 식사 ▶ 이호테우해수욕장 차박

4일 기상 후 아침 식사 ▶ 제주항 출발

제주 남부 일주

1일 제주항 도착 후 이동 ▶ 일몰 감상 후 저녁 식사 ▶ 송악산 차박

2일 기상 후 아침 식사 ▶ 송악산 둘레길 트레킹 ▶ 점심 식사 ▶ 황우지해안 ▶ 산방산 & 산방산탄산온천 ▶ 저녁 식사 ▶ 중문색달해수욕장 차박

3일 기상 후 아침 식사 ▶ 돈내코 산책 ▶ 점심 식사 ▶ 남원용암해수풀장 ▶ 큰엉해안경승지 ▶ 저녁 식사 ▶ 표선해수욕장 차박

4일 기상 후 아침 식사 ▶ 제주항 출발

제주도

내 차 타고 하는 섬 여행의 로망을 실현할 수 있는 곳! 제주도는 무료
야영장이 많아 캠핑을 즐기기 좋은데, 특히 관광지 주변으로 주차장과
화장실이 잘 갖춰져 있어 차박 여행자들의 천국이라 할 수 있다.

이국적인 매력 뿜뿜
금능해수욕장

추천
차박지

에메랄드로 시작해 코발트빛으로 끝나는 수평선, 섬 속의 섬 비양도를 마주한 이곳은 일몰이 아름답기로 소문난 곳이다. 바닥이 훤히 비치는 투명한 물빛과 찰박거리는 얕은 수심, 물놀이 후 따뜻하게 즐기는 온수 샤워까지. 아이들과 함께라면 이보다 좋을 수 없으리. 제주올레길 14코스가 지나는 길, 모래 둔덕 아래 자리해 바닷바람도 적당히 막아준다. 무엇보다 키 높은 야자수가 이국적인 매력을 더하니 머무는 내내 여행자를 달뜨게 한다.

주소 제주 제주시 한림읍 금능길 119-10 • **전화** 064-728-3983 • **시간** 24시간 개방 • **휴무** 없음 • **요금** 무료 • **주차** 무료 • **반려동물** 가능(목줄 착용, 배변 봉투 지참) • **홈페이지** www.visitjeju.net

PLUS 제주 내 지정 해수욕장에서는 반려견의 입수를 금지하고 있다. 입수 금지 구역은 총 11곳으로 금능, 협재, 함덕, 곽지, 삼양, 이호테우, 김녕, 신양섭지, 회순금모래, 중문색달, 표선해수욕장이다.

제주 서쪽의 핫 플레이스
협재해수욕장

 추천
차박지

금능해수욕장과 더불어 제주올레 14코스의 일부다. 은빛 백사장이 절경을 이루고, 수심이 얕아 여름철 해수욕을 즐기기에 알맞다. 단 해변 입구에 잘게 부서진 조개껍질이 모래와 섞여 있으므로 물놀이할 때는 아쿠아슈즈 착용을 권한다. 주위에 다채로운 콘셉트의 카페와 맛집, 숙소들이 많아 계절과 관계없이 방문객의 발길이 끊이지 않는다. 무엇보다도 비양도를 배경으로 한 일몰을 놓치지 말 것.

주소 제주 제주시 한림읍 한림로 329-10 ・**전화** 064-728-3981 ・**시간** 24시간 개방 ・**휴무** 없음 ・**요금** 무료 ・**주차** 무료 ・**반려동물** 가능(목줄 착용, 배변 봉투 지참) ・**홈페이지** www.visitjeju.net

제주에서 만나는 <쥬라기 공원>

한림공원

9가지 콘셉트로 구성된 테마파크이다. 희귀한 야자나무들과 여러 종류의 열대식물이 가득해 제주의 식생을 한자리에서 만난다. 커플이나 아이 동반 여행자라면 영화 <쥬라기 공원> 속 한 장면을 연상시키는 트로피컬 둘레길 투어를 눈여겨보자. 생각보다 볼거리가 많아 관람 시간은 2~3시간 정도로 넉넉히 잡는 게 좋다.

주소 제주 제주시 한림읍 한림로 300 • **전화** 064-796-0001 • **시간** 3~8월 09:00~17:00, 9·10월 09:00~17:30, 11~2월 09:00~16:30 • **휴무** 없음 • **요금** 성인 12,000원, 65세 이상 10,000원, 청소년 8,000원, 어린이 7,000원 • **주차** 무료 • **반려동물** 7kg 미만 소형견 동반 가능(목줄 착용, 배변 봉투 지참) • **홈페이지** www.hallimpark.com

PLUS 공원 입구의 쌍용각휴게소에서 물품 보관함(1,000원/일) 이용을 비롯해 거동이 불편한 방문객을 위한 휠체어 대여(무료)가 가능하다. 24개월 이하 유아는 유모차를 대여할 수 있다(1,000원/일).

선인장꽃 필 무렵

월령선인장군락지

우리나라 유일의 선인장 군락지로, 바닷가 암석 위에 자생한 선인장마을이다. 수백 년 전 멕시코에서 왔다는 이곳 선인장은 제주 여름의 전령사다. 매년 6월 말 여름의 시작을 알리며 피어나는 꽃은 7월이면 만개에 이른다. 풍력발전기와 푸른 바다, 검은색 바위 사이사이에 노란 꽃으로 물든 선인장은 어디를 찍어도 화보가 된다.

주소 제주 제주시 한림읍 월령3길 27-4 • **전화** 064-728-2752 • **시간** 24시간 개방 • **휴무** 없음 • **요금** 무료 • **주차** 불가(월령포구 쪽에 무료 주차 가능. 제주시 한림읍 월령리 317-1) • **반려동물** 가능(목줄 착용, 배변 봉투 지참) • **홈페이지** www.visitjeju.net

제주에서 가장 이국적인 차박지

싱계물공원

싱계물은 제주 방언으로 '새로 발견된 갯물'이
란 뜻이며 여기서 갯물은 용천수를 의미한다.
바다에 떠 있는 듯한 풍력발전기와 공원 주변
이 한데 어우러져 이색적인 풍경을 자아낸다.
특히 멀리 보이는 차귀도와 수월봉 뒤로 떨어
지는 태양을 놓치지 말자. 일몰 시간이 지나면
방문객이 빠지므로 비교적 한갓진 시간을 보
낼 수 있다. 공원에서 바다로 이어지는 다리는
낚시 포인트로 유명하다.

주소 제주 제주시 한경면 신창리 1322-1 • **시간** 24
시간 개방 • **휴무** 없음 • **요금** 무료 • **주차** 무료 • **반려동
물** 가능(목줄 착용, 배변 봉투 지참) • **홈페이지** www.
visitjeju.net

비밀의 섬을 만나는 길

자구내포구

기이한 해안절벽과 암석이 모여 비경을 이루
는 비밀의 섬, 차귀도는 천연기념물로 지정된
제주도 최대의 무인도다. 자구내포구는 이곳
을 드나드는 뱃길이 열리는 곳으로 작은 어촌
마을에 자리해 아름다운 낙조와 낚시 포인트
로 유명하다. 광활한 바다 풍경이 보고 싶을 때
찾으면 좋다.

주소 제주 제주시 한경면 노을해안로 1161 • **시간** 24
시간 개방 • **휴무** 없음 • **요금** 무료 • **주차** 무료 • **반려동
물** 가능(목줄 착용, 배변 봉투 지참)

추천
차박지

마그마의 특별한 변신

수월봉전망대

뜨거운 마그마와 차가운 물이 만나 폭발하며
생긴 화산체 수월봉은 절벽을 이루는 암석에
층리가 뚜렷한 것이 특징이다. 수월봉 정상에
오르면 수월정과 고산기상대가 우뚝 서 있다.
이곳에서 차귀도의 세 섬과 당산봉까지 장대
한 풍광을 한눈에 담을 수 있다. 저녁 무렵 도
착해 제주 서쪽 땅끝에서 만난 낙조의 아름다
움을 누려보자.

주소 제주 제주시 한경면 고산리 3760 • **시간** 24시간
개방 • **휴무** 없음 • **요금** 무료 • **주차** 무료 • **반려동물** 가
능(목줄 착용, 배변 봉투 지참)

코발트빛 낭만로드

신창~용수 해안도로

한국남부발전 국제풍력센터에서 시작해 코
발트빛 제주 바다를 배경으로 돌아가는 거대
한 풍력발전기가 아름다운 길이다. 바다 한가
운데 놓인 은빛 물고기는 이 구역의 인증 사진
포인트! 신창교차로에서 해안도로 진입 후 용
수리 방사탑에서 마무리한다.

주소 제주 제주시 한경면 신창리 신창사거리(해안도
로 진입점) • **시간** 24시간 개방 • **휴무** 없음 • **요금** 무
료 • **주차** 무료 • **반려동물** 가능(목줄 착용, 배변 봉투
지참) • **홈페이지** www.visitjeju.net

드라마 <대장금> 촬영지

송악산

추천
차박지

서귀포시 대정읍에 있는 산으로 산이수동 방파제에서 해안을 따라 정상까지 도로가 나 있어 접근성이 좋다. 남쪽은 해안절벽을 이루고 중앙 부분은 낮고 평평한 초원으로 아름다운 비경을 자랑한다. 제2차 세계대전 당시 일본이 군사 지역으로 건설한 비행장, 고사포대포, 포진지, 비행기 격납고 잔해 등이 흩어져 있다. 정상에서는 가파도, 마라도 등의 작은 섬까지 조망 가능하다. 무엇보다 해안절벽을 따라 걷는 송악산 둘레길이 조성되어 있어 가벼운 트레킹을 즐길 수 있다. 관광지라 주변에 식당은 있지만 이렇다 할 만한 곳이 없다. 다른 곳에서 미리 식사를 하고 온 뒤 방문하는 것을 추천한다.

주소 제주 서귀포시 대정읍 송악관광로 421-1 • **시간** 24시간 개방 • **휴무** 없음 • **요금** 무료 • **주차** 무료 • **반려동물** 가능(목줄 착용, 배변 봉투 지참) • **홈페이지** www.visitjeju.net

PLUS

송악산 둘레길
제주 최남단 해안로를 따라 걷는 순환형 산책길이다. 정상에 오르면 제주의 모든 산은 물론 형제섬이나 마라도 등의 작은 섬까지 한눈에 볼 수 있다. 해안절벽을 따라 걸으니 발아래로 탁 트인 바다를 만날 수 있어 흥미진진하다. 소요 시간은 2시간 미만 정도다.

모슬포항

모슬포항은 매년 11월이면 방어축제가 열리는 곳으로 유명하다. 다양한 체험 프로그램을 운영하는 축제는 지루할 틈이 없다. 이곳은 또한 마라도, 가파도를 방문하는 여행객들이 사시사철 모여드는 곳이라 맛집과 카페가 즐비하다. 활기찬 항구의 모습과 더불어 맛있는 먹거리도 놓치지 말자.

주소 제주 서귀포시 대정읍 하모리 770-28 · **시간** 24시간 개방 · **휴무** 없음 · **요금** 무료 · **주차** 무료 · **반려동물** 가능(목줄 착용, 배변 봉투 지참) · **홈페이지** www.visitjeju.net

쏟아질 듯 거대한 절벽의 산
산방산

정상에 분화구가 없는 돔 모양의 형태가 독특한데, 제주도 서남부 평야지대에 우뚝 서 있는 종 모양의 종상화산체다. 해발 200m 지점에 불상을 안치한 자연 석굴 산방굴사(유료)와 인근의 산방산탄산온천을 함께 들러볼 만하다. 봄철 산방산 앞으로 펼쳐지는 유채꽃밭을 놓치지 말자.

주소 제주 서귀포시 안덕면 사계리 산16 · **전화** 064-794-2940 · **시간** 09:00~18:00 · **휴무** 없음 · **요금** 무료 · **주차** 공영주차장(우측) 무료 · **반려동물** 가능(목줄 착용, 배변 봉투 지참) · **홈페이지** www.visitjeju.net

제주도 서핑 명소
사계해변

송악산에서 용머리해안으로 가는 해안도로에
위치한 해변으로 제주올레 10코스 중 하나다.
빼어난 해안 절경과 특이한 모습의 기암절벽,
해안 너머로 보이는 산방산과 형제섬의 모습
이 근사한 풍경을 자아낸다. 바다 멀리 아득하
게 보이는 섬과 산 사이로 떠오르고 저물어가
는 태양이 압권이다. 서핑과 스노클링, 파도와
바람을 맞으며 날아오르는 카이트 서핑 등 다
양한 레저 활동을 즐길 수 있다.

주소 제주 서귀포시 안덕면 사계리 사계해변 • **전화**
064-760-2772 • **시간** 24시간 개방 • **휴무** 없음 •
요금 무료 • **주차** 무료 • **반려동물** 가능(목줄 착용, 배변
봉투 지참) • **홈페이지** www.visitjeju.net

자연이 빚은 인피니티 풀
논짓물

제주에서 빼놓을 수 없는 이색 물놀이 명소다.
산에서 흘러나온 용천수를 만날 수 있고 옷 속
으로 모래가 들어가는 것도 방지할 수 있어 제
주 도민은 물론 여행객도 즐겨 찾는다. 단 바닥
이 돌로 되어 있어 안전을 위한 아쿠아슈즈 착
용은 필수다.

주소 제주 서귀포시 하예동 논짓물 • **전화** 064-760-
4864(예래동 주민센터) • **시간** 24시간 개방 • **휴
무** 없음 • **요금** 무료 • **주차** 무료 • **반려동물** 가능(목줄
착용, 배변 봉투 지참) • **홈페이지** www.visitjeju.net

PLUS 주차장에서 전망대까지 숲길을 따라 10여 분가량 산책할 수 있는 나무데 크가 마련되어 있다.

추천
차박지

서핑의 메카

중문색달해수욕장

제주도에서 가장 파도가 높은 해변으로 해수욕을 즐기는 피서객보다 서핑 마니아들이 주로 찾는다. 국내 서핑 수요가 몇 년 사이 11배나 증가했다는 보고가 말해주듯 제주도로 원정 서핑을 다니는 인구도 부쩍 늘었다. 이곳은 흑색, 백색, 적색, 회색의 독특한 모래를 자랑하며 서핑 가능 구역이 300~400m로 넓어 매년 국제서핑대회가 열리기도 한다. 서핑에 관심이 있다면 결코 놓치지 말아야 할 곳인 셈. 이외에도 중문관광단지에 속해 편의시설이 잘 갖춰져 있고 해양수족관, 여미지식물원, 천제연폭포 등 주변에 볼거리가 많다.

주소 제주 서귀포시 중문관광로72번길 29-51 · **전화** 064-760-4993 · **시간** 24시간 개방 · **휴무** 없음 · **요금** 무료 · **주차** 비수기 무료, 성수기 3,000원 · **반려동물** 가능(목줄 착용, 배변 봉투 지참) · **홈페이지** www.visitjeju.net

용암이 빚어낸 검은 기둥 절벽
대포주상절리

검은 기둥들이 수직으로 쭉쭉 뻗어 빽빽하게 세워진 모습이 마치 병풍처럼 주변 해안을 둘러싸고 있어 인상적이다. 대포주상절리는 서귀포시 중문동에서 대포동까지 해안을 따라 약 2km에 걸쳐 만나볼 수 있다. 천천히 나무데크 산책로를 걸으면서 주상절리와 함께 중문 바다를 만끽해보자.

주소 제주 서귀포시 이어도로 36-30 • **전화** 064-738-1521 • **시간** 09:00~18:00 • **휴무** 없음 • **요금** 성인 2,000원, 청소년·어린이 1,000원 • **주차** 경차 1,000원, 승용차 2,000원 • **반려동물** 이동장 안에 있을 시 가능 • **홈페이지** www.visitjeju.net

제주도 3대 폭포에 빛나는
정방폭포

뭍에서 바다로 직접 떨어지는 폭포로 천지연, 천제연폭포와 함께 제주도 3대 폭포로 불린다. 매표소에서 표를 구매한 뒤 계단을 따라 5분 정도 내려가면 정방폭포가 제 모습을 드러낸다. 장쾌한 물줄기에 가슴 속까지 시원해진다.

주소 제주 서귀포시 칠십리로214번길 37 • **전화** 064-733-1530 • **시간** 09:00~18:00 • **휴무** 없음 • **요금** 성인 2,000원, 청소년·어린이 1,000원 • **주차** 무료 • **반려동물** 불가 • **홈페이지** www.visitjeju.net

제주에서 만난 '블루 라군'

황우지해안

화산암 갯바위가 물을 가둬 만든 천연 수영장
이다. 한때 무장공비가 침투해 전투를 벌였다
는 말이 무색하게 검은 현무암에 요람처럼 둘
러싸인 바다는 신비롭기만 하다. 바닥이 훤히
비치는 맑고 투명한 물은 사계절 보석같이 빛
나며 여행자들의 마음을 사로잡는다. 갯바위
절벽에서 다이빙을 하거나 물안경을 끼고 스
노클링을 즐기기에 안성맞춤이다. 단 수심이
깊어 어린 아이에게는 위험할 수 있다.

주소 제주 서귀포시 천지동 765-7 • 전화 064-760-
4601 • 시간 24시간 개방 • 휴무 없음 • 요금 무료 •
주차 무료(만차 시 유료 구역) • 반려동물 가능(목줄 착
용, 배변 봉투 지참) • 홈페이지 www.visitjeju.net

바다 위 커다란 바위 언덕

큰엉해안경승지

제주올레길 5코스로 절벽 가장자리에 난 산책
로에서 근사한 해안 경관이 펼쳐진다. 바닷가
나 절벽 등에 뚫린 동굴을 제주 방언으로 '엉'이
라 하는데 '큰엉'은 '커다란 바윗덩어리가 입을
크게 벌리고 있는 언덕'이라는 의미라고 한다.
해안절벽 아래로 탁 트인 바다를 바라보며 산
책을 즐길 수 있다. 길 위에서 우거진 나뭇가지
들이 만들어내는 한반도 지형은 놓칠 수 없는
포토 존이다.

주소 제주 서귀포시 남원읍 태위로 522-17 • 시간 24
시간 개방 • 휴무 없음 • 요금 무료 • 주차 무료 • 반려동
물 가능(목줄 착용, 배변 봉투 지참)

머물고 싶은 해변 차박지

표선해수욕장

물이 빠지면 드러나는 광활한 모래사장이 아름다운 곳으로 가족 여행객이 즐겨 찾는다. 잔디가 잘 조성된 야영장 주변은 야자수가 많아 이국적인 풍경을 자랑하며 남쪽 포구과 갯바위는 낚시꾼들에게 인기다. 인근에 자리한 세화해안도로는 제주올레 4코스로, '제주도에서 가장 아름다운 해안도로'라는 별칭이 있다. 제주민속촌, 성읍민속마을, 큰엉해안경승지, 섭지코지 등 들러볼 만한 명소들도 많다.

주소 제주 서귀포시 표선면 표선리 표선해수욕장 • **전화** 064-760-4476 • **시간** 24시간 개방 • **휴무** 없음 • **요금** 무료 • **주차** 무료 • **반려동물** 가능(목줄 착용, 배변 봉투 지참) • **홈페이지** www.visitjeju.net

표선부터 남원까지

제주올레길 4코스

표선해수욕장을 시작으로 중간 지점인 알토산고팡을 거쳐 남원포구까지 이어지는 코스다. 전체 코스를 완주한다면 약 7시간 정도가 소요되지만, 차량으로 이동하면서 각각의 명소를 둘러보는 방법도 있다. 다만 경치가 아름다운 해병대길~토산산책로 구간은 꼭 걸어보는 것을 추천한다.

주소 제주 서귀포시 표선면 표선리 40(제주올레 공식안내소) • **전화** 064-762-2190 • **시간** 24시간 개방 • **휴무** 없음 • **요금** 무료 • **주차** 무료 • **반려동물** 가능(목줄 착용, 배변 봉투 지참) • **홈페이지** www.visitjeju.net

제주도 명품 포토 존
광치기해변

성산일출봉에서 섭지코지 사이에 자리한 광치기해변은 제주올레 1코스의 종착점이자 2코스의 시작점이다. 육지에서는 흔히 보기 힘든 검은 모래, 그 위로 펼쳐진 푸른 바다와 성산일출봉은 이국적인 느낌을 더한다. 이른 아침 떠오르는 태양이 성산일출봉을 비추면 극에 달하는 장관이 연출된다. 덕분에 매년 해돋이를 보려는 관광객들의 발길이 끊이지 않는 곳. 썰물 때만 볼 수 있는 용암 지질과 녹색 이끼가 어우러진 모습은 신비롭기까지 하다. 웨딩이나 커플 사진 촬영을 하는 사람들의 모습도 흔히 볼 수 있다.

추천
차박지

주소 제주 서귀포시 성산읍 고성리 224-33 • **시간** 24시간 개방 • **휴무** 없음 • **요금** 무료 • **주차** 무료 • **반려동물** 가능(목줄 착용, 배변 봉투 지참) • **홈페이지** www.visitjeju.net

제주도 일출 성지
성산일출봉

제주도 동쪽으로 불룩 튀어나온 성산반도 끝머리에 자리한 화산체로 천연기념물 제420호이자 유네스코 세계자연유산으로 지정되었다. 아름다운 제주도 대표 일출 명소에서 해돋이를 만나는 일은 필수, 고운 잔디 능선 위로 솟아오른 돌기둥과 기암 사이로 마련된 탐방로 산책은 선택이다.

주소 제주 서귀포시 성산읍 일출로 284-12 • **전화** 064-783-0959 • **시간** 3~9월 07:00~20:00, 10~2월 07:30~19:00 • **휴무** 없음 • **요금** 성인 5,000원, 청소년·어린이 2,500원 • **주차** 무료 • **반려동물** 불가 • **홈페이지** www.visitjeju.net

제주도 바다 전망 1등 산책로

섭지코지

추천
차박지

성산일출봉과 마주한 섭지코지는 바다를 조망하며 걷는 산책로가 아름답기로 유명하다. 사랑에 빠진 용왕 아들이 돌이 되어 버렸다는 선돌바위와 세계적인 건축가인 안도 다다오의 '글라스 하우스'는 놓치지 말아야 할 볼거리다. 봄에는 언덕 위에 화려하게 펼쳐진 유채꽃이 절경이다.

주소 제주 서귀포시 성산읍 섭지코지로 107 • **전화** 064-782-2810 • **시간** 24시간 개방 • **휴무** 없음 • **요금** 무료 • **주차** 최초 30분 소형 1,000원, 대형 2,000원, 15분 초과 시 소형 500원, 대형 1,000원 추가 • **반려동물** 가능(목줄 착용, 배변 봉투 지참) • **홈페이지** www.visitjeju.net

아름다운 제주 동쪽 해안산책로

고성~신양 구간 산책로

제주도 동쪽 끝 성산일출봉과 섭지코지를 연결하는 트레일로 약 2.1km 거리다. 물때가 맞으면 해녀가 물질하는 모습을 볼 수 있고, 거대한 활처럼 휘어진 해안선은 발길 닿는 곳마다 다른 매력을 선사한다.

주소 제주 서귀포시 성산읍 일출로 284-12(성산일출봉) • **시간** 24시간 개방 • **휴무** 없음 • **요금** 무료 • **주차** 무료 • **반려동물** 가능(목줄 착용, 배변 봉투 지참)

제주 백패킹 성지

연평리야영지

추천
차박지

우도가 품은 섬 속의 섬, 비양도는 '날아온 섬'이라는 뜻으로 우도 특유의 자연경관을 만날 수 있어 오래전부터 백패킹 명소로 자리매김한 곳이다. 비양도 연평리야영지는 탁 트인 언덕에 야영시 바람막이가 되어줄 작은 돌담들과 봉수대, 그리고 바다를 홀로 지키는 작은 등대가 자리한다. 이른 아침이면 장쾌하게 솟아오르는 일출을, 저녁 무렵이면 찬란하게 저물어가는 일몰을 만날 수 있다. 탁 트인 바다를 배경으로 한 우도봉과 우도등대는 그림 같은 풍광을 연출한다.

주소 제주 제주시 우도면 연평리 3 • **전화** 064-728-4323(면사무소) • **시간** 24시간 개방 • **휴무** 없음 • **요금** 무료 • **주차** 무료 • **반려동물** 가능(목줄 착용, 배변 봉투 지참) • **홈페이지** www.visitjeju.net

지중해를 만나다

서빈백사

동양 유일의 홍조단괴 백사장을 자랑하는 이곳은 눈부시게 하얀 모래와 에메랄드빛 바다가 이국적인 풍경을 자아낸다. 홍조단괴란 바닷속 해조류 중 하나인 홍조류가 석회화되면서 작은 모래알갱이 표면에 달라붙어 구형의 형태로 만들어진 것이다. 산호해변이라고도 불린다.

주소 제주 제주시 우도면 우도해안길 252 • **전화** 064-728-4353(면사무소) • **시간** 24시간 개방 • **휴무** 없음 • **요금** 무료 • **주차** 무료 • **반려동물** 가능(목줄 착용, 배변 봉투 지참) • **홈페이지** www.visitjeju.net

제주 인생 사진 공작소

쇠머리오름

우도를 한눈에 조망하고 아름다운 인생 사진
까지 남기고 싶다면 쇠머리오름으로 가자. 우
도봉이라고도 부르는 이곳은 정작 우도 사람
들에게는 섬머리로 통한다고. 초입에 주차장
이 있고 기념품 가게와 식당들을 지나 우도봉
까지 가는 데 약 30여 분이 소요된다.

주소 제주 제주시 우도면 연평리 산18-2 • **시간** 24시
간 개방 • **휴무** 없음 • **요금** 무료 • **주차** 무료 • **반려동
물** 가능(목줄 착용, 배변 봉투 지참) • **홈페이지** www.
visitjeju.net

태고의 신비

검멀레해수욕장

검멀레는 제주말로 '검은 모래'라는 뜻이다. 칠
흑 같은 검은 모래와 푸른 바다가 극명한 대비
를 이룬다. 해변 뒤로 기골이 장대하게 서 있는
기암절벽과 좁은 입구와는 달리 안으로 들어
가면 엄청난 공간이 펼쳐지는 동안경굴이 핵
심 볼거리다. 우도 사람들은 이곳을 고래 콧구
멍으로 부르기도 한단다.

주소 제주 제주시 우도면 우도해안길 1142 • **전화**
064-728-4353(면사무소) • **시간** 24시간 개방 • **휴
무** 없음 • **요금** 무료 • **주차** 무료 • **반려동물** 가능(목줄
착용, 배변 봉투 지참) • **홈페이지** www.visitjeju.net

제주 오름 품은 바다

함덕해수욕장

추천
차박지

고운 백사장과 수심이 얕고 푸른빛 찬란한 제주의 대표 바다이다. 훤히 비치는 바닷속 검은 현무
암과 아치 모양의 다리, 바위 옆으로 길을 내 조성한 데크 덕분에 바다를 다채롭게 즐길 수 있으며
가족 여행지로 각광받는 이유다. 하늘을 붉게 물들이는 근사한 낙조 감상은 덤. 바로 옆에 자리한
서우봉은 진도에서 거제로 피신해온 삼별초군이 마지막으로 저항했던 곳이다. 해변에서 서우봉
으로 이어지는 해안산책로는 남녀노소 누구나 가볍게 걷기 좋아 인기가 많다.

주소 제주 제주시 조천읍 조함해안로 525 • **전화** 064-728-3989 • **시간** 24시간 개방 • **휴무** 없음 • **요금** 무료 • **주
차** 무료 • **반려동물** 가능(목줄 착용, 배변 봉투 지참) • **홈페이지** www.visitjeju.net

해변에서 정상까지 15분

서우봉 둘레길

서우봉은 2개의 봉우리를 품은 기생화산이다. 언덕으로 길게 뻗은 둘레길은 제주올레 19코스의 일부로, 넓게 펼쳐진 함덕해수욕장을 바라보며 걷게 된다. 방목 중인 말, 황금빛 억새, 귀여운 강아지풀, 좋은 글귀가 쓰인 나무 푯말들이 가는 걸음걸음에 정겨움을 더한다.

주소 제주 제주시 조천읍 조함해안로 525(함덕해수욕장) • **시간** 24시간 개방 • **휴무** 없음 • **요금** 무료 • **주차** 무료 • **반려동물** 가능(목줄 착용, 배변 봉투 지참) • **홈페이지** www.visitjeju.net

육지에서 가장 가까운 제주 해안길

조천~함덕 해안도로

조천과 함덕을 이어주는 해안도로로 바다 풍경에 듬뿍 빠지고 싶다면 추천한다. 어촌마을의 풍경이 정겨운 신흥리 옛개포구, 해남 땅끝마을과 가장 가깝다는 관곶, 임금을 그리던 옛 관리들의 마음이 담긴 연북정 정도는 꼭 들러보자. 시작점은 함덕해수욕장이며 조천항에서 마무리하면 된다.

주소 제주 제주시 조천읍 조함해안로 525(함덕해수욕장) • **시간** 24시간 개방 • **휴무** 없음 • **요금** 무료 • **주차** 무료 • **반려동물** 가능(목줄 착용, 배변 봉투 지참)

현지인들이 사랑한 바다
삼양해수욕장

제주 특유의 지질 덕분에 검은 모래를 특징으로 하는 해변이다. 철분이 함유된 검은 모래는 태양열로 뜨거워졌을 때 그 안에 몸을 파묻고 찜질하면 신경통, 관절염, 피부염 등에 효과가 있다고 한다. 제주 시내와 인접해 접근성이 좋고 가름선착장과 같이 용천수가 흐르는 곳이 많아 현지인들이 즐겨 찾는다.

주소 제주 제주시 삼양이동 1960-4 • 전화 064-728-3991 • 시간 24시간 개방 • 휴무 없음 • 요금 무료 • 주차 무료 • 반려동물 가능(목줄 착용, 배변 봉투 지참) • 홈페이지 www.visitjeju.net

슬픈 용의 전설 품은
용두암

하늘로 올라가고 싶어 하던 용이 승천하지 못하고 바다에 떨어져 돌이 되어버렸다는 전설을 품은 바위다. 용두암을 볼 수 있는 전망대는 2곳. 서쪽 전망대에서는 데크길을 따라 조금 걷는 대신 측면 가까이에서 용두암을 만날 수 있고, 동쪽 인어상 옆 전망대에서는 위에서 내려다볼 수 있다. 주변에 있는 용연구름다리, 용담공원, 제주향교 등을 함께 둘러봐도 좋다.

주소 제주 제주시 용두암길 15 • 전화 064-711-1022 • 시간 24시간 개방 • 휴무 없음 • 요금 무료 • 주차 최초 30분 무료, 31~45분 1,000원, 15분 초과 시 500원 추가 • 반려동물 가능(목줄 착용, 배변 봉투 지참) • 홈페이지 www.visitjeju.net

제주 일품 낙조를 만나는
사라봉공원

제주에서 가장 멋진 일몰을 볼 수 있는 곳으로 손꼽힌다. 말발굽 모양의 제주 대표 오름 중 하나로, 인근의 별도봉과 함께 산책로와 쉼터를 잘 조성해놓아 시민들의 휴식 공간으로 이용되고 있다. 명품 낙조를 감상하고 싶다면 제주의 바다, 도심, 한라산을 한눈에 조망할 수 있는 사라봉 정상의 망양정이 정답이다.

주소 제주 제주시 사라봉동길 74 • **전화** 064-728-4643 • **시간** 24시간 개방 • **휴무** 없음 • **요금** 무료 • **주차** 무료 • **반려동물** 가능(목줄 착용, 배변 봉투 지참) • **홈페이지** www.visitjeju.net

공항에서 가장 가까운 제주 바다 　추천 차박지
이호테우해수욕장

제주 시내에서 가장 가까운 해수욕장인 이호테우해수욕장은 제주 바다나 야경을 보기 위해 현지인들부터 여행객들까지 두루 찾는다. 말 모양의 등대가 인상적이며 낚시가 가능하고 주변에 식당이나 횟집도 여럿 있어 접근성과 편리성을 모두 갖추었다. 제주공항과 가까워 비행기가 뜨고 내리는 모습을 볼 수 있어 이색적이다. 노을이 하늘을 붉게 물들일 때 떠오르는 비행기는 아름다움의 극치라 할 만하다.

주소 제주 제주시 이호일동 1665-13 • **전화** 064-728-3994 • **시간** 24시간 개방 • **휴무** 없음 • **요금** 무료 • **주차** 무료 • **반려동물** 가능(목줄 착용, 배변 봉투 지참) • **홈페이지** www.visitjeju.net

Chapter
5

차박 캠핑
주의사항

차박 시 주의할 점

여행을 하는 데 많은 준비는 필요 없다. 그러나 그곳이 어디든 안전과 관련된
문제는 만반의 준비를 해두어야 한다. 행복한 여가 생활을 지속적으로 누리기
위해 알아두면 도움이 되는 차박 주의사항들을 살펴보자.

안전 차박 대책

- 차량 환기는 필수, 창문을 적당히 열어둔다.
- 차 안에서 화기를 사용하지 않는다.
- 산사태, 하천의 범람으로부터 안전한 곳에 주차한다.
- 핸드폰 등의 비상 연락 수단은 철저히 챙긴다.
- 차박 장소는 가족 및 지인에게 정확한 위치로 알려준다.
- 정박지를 정할 때 지나치게 외진 곳은 피한다.
- 일회용 가스통 체결 시 반드시 화기가 없는 곳에서 이용한다.
- 차량용 소화기와 구급상자는 반드시 차량 내 비치한다.

물놀이 안전 대책

- 파도가 갑자기 높아지면 머리는 수면 위를 유지하고 파도에 몸을 맡기고 떠있자.
- 해파리에 쏘이면 즉시 물 밖으로 나와 바닷물이나 생리식염수로 세척, 장갑이나 카드, 핀셋을 이용해 가시를 제거한다.
- 다리가 수초에 감기면 당황하지 말고 다리를 수직으로 움직여 천천히 부드럽게 풀어낸다.
- 이안류에 휩쓸리면 힘을 빼고 물의 흐름에 몸을 맡기다가 더 이상 밀려나지 않을 때 헤엄쳐 나온다.

차박 후 정리정돈의 정석

- 침낭이나 이불은 기상 후 햇볕에 충분히 말려준다.
- 사용한 식기류는 깔끔하게 설거지한 후 물기 없이 건조한다.
- 잠자리를 모두 정리한 후 차량용 진공청소기, 찍찍이 롤 클리너, 물티슈를 사용해 차량 내부를 깔끔하게 청소한다.
- 차량 환기는 30분 이상 충분히 시켜준다.
- 배출한 쓰레기는 남김없이 미리 준비해온 쓰레기봉투에 담아 되가져간다.
- 화로대 이용 시 남은 재는 쓰레기봉투에 담아 되가져간다.
- 머문 자리는 처음처럼 흔적 없이 정리하고 떠난다.

콤팩트한 짐 수납법

- 여행에 불필요한 짐은 가져가지 않는다.
- 이불 및 침낭은 가능한 한 공기 없이 말아 스트링으로 꼭 묶는다.
- 자충 매트는 공기를 충분히 제거한 후 말아서 묶어둔다.
- 자잘한 물건들은 한곳에 모아 수납한다.
- 차 안 공간을 최대한 활용한다.

반드시 지켜야 할 차박 매너

차박여행자들이 버리고 간 쓰레기로 인해 지역 주민들과 동식물들이 피해를 입고 있다.
차박지가 폐쇄되는 일도 다반사. 자연은 자격을 갖추었을 때 비로소 누릴 수 있는 것이다.
'클린 차박'은 인식 부족에서 오는 실수를 줄이고 환경오염을 줄이는 데 목적이 있다.

①

클린 차박 캠페인

- 쓰레기봉투 사용하기
- 화로대 사용하기
- 흔적 없이 다녀오기

②

차박 에티켓

- 늦은 시간, 소음이나 조명 금지
- 심야 시간대에 텐트 설치나 철수는 피할 것
- 사람들 있는 곳에서 발전기 사용 자제하기
- 차량 시동 끄기
- 세면대에서 설거지 금지
- 차간 기본 거리 5m 유지하기
- 가족 단위 캠핑지에서 금연하기
- 공공시설 사용 후 뒷정리 깔끔하게 하기
- 반려동물 관리 잘하기
  (짖음·목줄 없이 타인 공간 활보·마킹 관리, 배변 수거 등)
- 강이나 계곡에서 샤워용품 사용 금지
- 공공시설(주차장, 인도, 화단)에 펙다운 금지
- 배출한 쓰레기 되가져오기
- 사유지에 차박 금지
- 음란행위 금지

③

**차박 시
쓰레기 감량 노하우**

- 포장지가 많이 나오는 식재료는 집에서 미리 정리한 후 필요한 만큼만
  가져간다.
- 일회용 물품을 사용하지 않는다.
- 음식은 가능한 한 알맞은 양으로 조리해서 남기지 않고 다 먹는다.
- 그럼에도 나오는 음식물 쓰레기는 별도의 밀폐 용기에 담아
  되가져온다.
- 쓰레기는 분리수거하여 집에서 버린다.

안전을 위한 차량 점검

차박여행자뿐만 아니라 운전자에게 자동차 정기 점검은 당연한 일이다. 일상적으로 장거리를 주행하거나, 정체 구간이 잦은 곳을 달리다 보면 생각지도 못한 문제가 발생할 수 있다. 아무리 강조해도 지나치지 않은 것이 바로 사전 차량 점검이다.

기본 점검

- **에어컨 필터 점검** 일반적으로 6개월~1년마다 교체 권장
- **배터리 점검** 자동차 배터리 평균 교체 주기 약 3년, 주행 거리 약 5만 정도에 교체 권장
- **와이퍼 점검** 일반적으로 6개월~1년마다 교체 권장
- **타이어 점검** 타이어 홈 깊이와 공기압 확인

계절별 차량 점검

- **봄** 윈터 타이어에서 일반 타이어로 교체, 김 서림 방지, 차량 안개등 점검
- **여름** 냉각수 확인 및 보충, 브레이크 점검, 차 바닥 먼지 제거, 오일 등 엔진 관리
- **가을** 에어컨 히터 점검, 차량 내 미세먼지 청소, 차량 안개등 점검, 오일 등 엔진 관리
- **겨울** 겨울용 타이어로 교체 및 타이어체인 준비, 브레이크 패드 점검 및 관리, 냉각수 보충 및 부동액 관리, 김 서림 방지, 전조등·안개등·후미등 점검, 오일 등 엔진 관리

주행 거리별 점검 (단위 km)

- **5천** 엔진오일 점검 및 교환
- **1만** 에어컨 에어필터, 타이어 마모 상태, 브레이크 패드
- **2만** 변속기 오일, 브레이크 호스, 라인의 누유나 파손
- **4만** 부동액 교체
- **5만** 타이어 마모도 확인 및 교체, 자동차 하부 점검
- **10만** 댐퍼, 냉각 펌프, 자동 변속기 오일

박혜경(40대) [STYLE] 스텔스 차박 7년 차, 솔로 차박

Q. 나의 첫 차박지는 어디였나요?
오도산. 정상까지 차로 이동할 수 있어서 좋았습니다.

Q. 나의 차박 스타일을 고집하는 이유는 무엇인가요?
변화무쌍한 날씨에 빠르게 대처할 수 있는 기동성 때문입니다.

Q. 가장 좋았던 차박지와 그 이유는 무엇인가요?
황매산. 별을 보기에 좋은 곳이죠.

Q. 나만의 차박 아이템을 소개해주세요.
무시동 히터. 고지대 차박을 선호하기 때문에 겨울이 아니어도 추울 때가 많아요. 제게는 사계절 유용한 아이템이죠.

Q. 필요할 것 같아 샀는데 애물단지가 된 차박용품이 있다면?
도킹 텐트. 거주성을 넓히고, 장비 욕심이 생겨 구입했지만 설치의 번거로움 때문에 거의 사용하지 않습니다.

Q. 차박할 때 가장 고민하는 부분은 무엇인가요?
언택트(Untact) 스폿. 오롯이 홀로 편히 쉬고 싶어 사람이 없는 곳을 찾아다니는 편이에요.

Q. 이제 막 차박을 시작하는 사람들에게 한 말씀 부탁드려요.
승용차를 숙소로 삼는 거라 처음엔 불편한 점이 있어요. 제 차는 2열 시트를 접어도 완전히 평탄화가 되지 않았는데 여러 시도 끝에 가성비 좋은 재료로 평탄화를 마쳤습니다. 불편함이 생길 때 이를 해결하는 과정도 차박을 흥미롭게 즐기는 방법이 될 수 있답니다.

이정희(50대) [STYLE] 스텔스 차박 2년 차, 반려견 동반

Q. 나의 첫 차박지는 어디였나요?
대청호. 이런 신세계가 있구나 싶었죠.

Q. 나의 차박 스타일을 고집하는 이유는 무엇인가요?
반려견 둥이와 함께 언제든 가볍게 떠날 수 있기 때문입니다.

Q. 가장 좋았던 차박지와 그 이유는 무엇인가요?
육백마지기. 별도 보고 낭만 그 자체랍니다.

Q. 나만의 차박 아이템을 소개해주세요.
무시동 히터. 둥이와 언제 어디서든 따뜻하게 숙면을 취할 수 있어 좋습니다.

Q. 필요할 것 같아 샀는데 애물단지가 된 차박용품이 있다면?
여타 텐트나 주방용품 같은 것 없이 오로지 숙박에 필요한 것만 갖춘 터라 아직 그런 건 없습니다.

Q. 차박할 때 가장 고민하는 부분은 무엇인가요?
여름철 더위 문제. 아직까지 극복할 방법을 찾지 못했네요.

Q. 이제 막 차박을 시작하는 사람들에게 한 말씀 부탁드려요.
다녀간 듯 아닌 듯 뒤처리는 깔끔하게 차박을 다니다 보니 곳곳에 너부러진 쓰레기들이 눈살을 찌푸리게 합니다. 쓰레기 문제 때문에 아름다운 차박지들이 폐쇄되고 있어 안타까워요. 내가 배출한 쓰레기는 내가 가져오기. 함께 지켜 나가면 좋겠습니다.

오혜성(20대) STYLE▶ 확장형 차박 1년 차, 커플 차박

Q. 나의 첫 차박지는 어디였나요?
실미유원지(무의도). 어디를 가도 그곳이 내가
쉴 수 있는 공간이라는 게 너무 좋았습니다.

Q. 나의 차박 스타일을 고집하는 이유는 무엇인가요?
긴편요성과 거주성을 동시에 얻을 수 있으니까요. 간편함은 차박의 최대 장점이죠.

Q. 가장 좋았던 차박지와 그 이유는 무엇인가요?
부안 격포해수욕장 주변. 여자 친구와 함께 처음 가본 장거리 차박이라서 기념비적인 날이 되었습니다.

Q. 나만의 차박 아이템을 소개해주세요.
타프와 테이블. 언제 어디서든 햇빛을 막아주고 가볍게 음식을 먹을 수 있어 좋더라고요

Q. 필요할 것 같아 샀는데 애물단지가 된 차박용품이 있다면?
창문 모기장. 탈부착이 불편해서 사용하지 않게 되었습니다.

Q. 차박할 때 가장 고민하는 부분은 무엇인가요?
화장실. 아무래도 하룻밤 쉬어 가는데 생리적 현상을 해결하는 건 중요하니까요. 그래서 저는 오지로 가는 차박
은 하지 않아요.

Q. 이제 막 차박을 시작하는 사람들에게 한 말씀 부탁드려요.
차 안은 아무래도 공간이 좁아요. 조금 불편할 수 있습니다. 그러나 우연히 발견한 나만의 장소에 펼쳐진 환상
적인 뷰를 만나면 그런 건 아무것도 아닌 게 되더라고요. 참, 저도 그랬지만 장비는 한꺼번에 살 필요가 없습니
다. 꼭 필요한 아이템으로 천천히 구매하세요.

심은경(40대) STYLE▶ 확장형 차박 3년 차, 가족 차박

Q. 나의 첫 차박지는 어디였나요?
경포대. 마냥 불편할 줄 알았는데 생각보다 간편하고
편안해서 놀랐습니다.

Q. 나의 차박 스타일을 고집하는 이유는 무엇인가요?
가족과 함께 떠나 아름다운 뷰를 누리고
여유로운 공간에서 힐링할 수 있어 좋습니다.

Q. 가장 좋았던 차박지와 그 이유는 무엇인가요?
연천의 이름 모를 다리 밑. 아침에 눈을 떠 트렁크를 열었을 때 펼쳐진 청보리밭은 평생 잊지 못할 '인생 뷰'가
되었습니다.

Q. 나만의 차박 아이템을 소개해주세요.
트렁크 매트. 인조 가죽 소재라 잠자리를 세팅하거나 정리할 때 가볍게 닦기면 하면 돼서 편리하더라고요.

Q. 필요할 것 같아 샀는데 애물단지가 된 차박용품이 있다면?
대용량 캐리 박스. 생각보다 무겁고 부피가 커서 안 쓰다가 결국 작은 사이즈로 다시 구입했어요.

Q. 차박할 때 가장 고민하는 부분은 무엇인가요?
안전 문제. 밖에서 안이 보이지 않도록 가림막을 빈틈없이 하고, 잠들기 전 문단속도 철저히 하고 있어요.

Q. 이제 막 차박을 시작하는 사람들에게 한 말씀 부탁드려요.
장비는 차근차근 준비하세요. 본인에게 맞는 게 따로 있더군요. 매트 같은 꼭 필요한 것부터 챙기는 게 좋아요.
무조건 샀다가 안 쓰는 게 대부분이 될 수 있습니다.

서울/경기권

- **가평 구름계곡오토캠핑장** 가평군 북면 제령아랫말길 71 | 010-4734-2578 | www.cloudcamping.co.kr
- **가평 늘푸른쉼터** 가평군 설악면 어비산길 76 | 031-585-7042 | www.egcamp.co.kr
- **가평 또올래캠핑장** 가평군 북면 가화로 2745-70 | 010-2918-7780 | ddoolleh.itpage.kr
- **가평 연인산다목적캠핑장** 가평군 북면 백둔로 441 | 031-8078-8068 | www.gpyeonin.co.kr
- **가평 이지캠핑장** 가평군 설악면 유명로 2110 | 031-585-3103 | ezcamping.co.kr
- **가평 자라섬캠핑장** 가평군 가평읍 자라섬로 60 | 031-8078-8029 | www.jaraisland.or.kr
- **가평 중바위캠핑장** 가평군 북면 제령아랫말길 70 | 031-581-8000 | jungbawi.com
- **가평 캠핑포유** 가평군 북면 화악산로 686-57 | 010-3222-8592 | www.camping4u.co.kr
- **고양 서삼릉청소년야영장** 고양시 덕양구 서삼릉길 107-62 | 031-967-9163 | scoutcenter.scout.or.kr
- **과천 서울대공원캠핑장** 과천시 대공원광장로 102 | 02-502-3836 | grandpark.seoul.go.kr
- **남양주 축령산자연휴양림** 남양주시 수동면 축령산로 299 | 031-8008-6690 | www.foresttrip.go.kr
- **동두천 산야초자연캠핑장** 동두천시 쇠목길 320 | 010-9966-0101 | sanyachocamp.com
- **서울 강동그린웨이가족캠핑장** 강동구 천호대로 206길 87 | 02-478-4079 | www.igangdong.or.kr
- **서울 난지캠핑장** 마포구 한강난지로 22 | 02-373-2021 | yeyak.seoul.go.kr
- **서울 노을캠핑장** 마포구 하늘공원로 108-1 | 02-304-3213 | parks.seoul.go.kr
- **서울 중랑캠핑숲** 중랑구 망우로87길 110 | 02-434-4371 | www.joongrangsoop.com
- **안산 바다향기캠핑장** 안산시 단원구 대부황금로 130 | 031-498-6393 | www.바다향기캠핑장.kr
- **안산 화랑오토캠핑장** 안산시 단원구 동산로 268 | 031-481-9800 | camp.ansanuc.net
- **안성 용설호수캠핑장** 안성시 죽산면 용설호수길 234 | 010-8502-2863 | cafe.naver.com/yongsul
- **양주 산막골캠핑장** 양주시 백석읍 기산로 414-20 | 031-871-0058 | sanmak.yangjusarang.com
- **양주 씨알농장오토캠핑장** 양주시 부흥로1907번길 49-86 | 031-847-9655 | cafe.daum.net/hur123
- **양주 일영무두리캠핑장** 양주시 장흥면 유원지로 176-77 | 031-855-6102 | muduri.yangjusarang.com
- **양평 분지울작은캠핑장** 양평군 단월면 분지울1길 81 | 010-5340-1957 | cafe.naver.com/campgood
- **양평 산음자연휴양림** 양평군 단월면 고북길 347 | 031-774-8133 | www.foresttrip.go.kr
- **양평 솔뜰캠핑장** 양평군 옥천면 사기점길 53 | 010-9069-9670 | www.solddeul.com
- **양평 중미산자연휴양림** 양평군 옥천면 중미산로 1152 | 031-771-7166 | www.foresttrip.go.kr
- **연천 땅에미소캠핑장** 연천군 청산면 거저울길 339 | 031-833-3217 | www.땅에미소.kr
- **연천 에브라임캠핑장** 연천군 신서면 연신로 866 | 010-2792-0167 | cafe.naver.com/ephraimcamp
- **연천 한탄강관광지오토캠핑장** 연천군 전곡읍 선사로 76 | 031-833-0030 | hantan.co.kr
- **용인 숲속의아침오토캠핑장** 용인시 처인구 원삼면 원양로 250-40 | 031-333-4563
- **용인 연미향마을캠핑장** 용인시 처인구 원삼면 백원로 128-7 | 031-338-3317 | www.yeonmihyang.net
- **인천 왕산오토캠핑장** 중구 용유서로423번길 42 | 010-6813-8888 | wangsanautocamp.com
- **인천 함허동천야영장** 강화군 화도면 해안남로1196번길 38 | 032-930-7066 | camp.ghss.or.kr
- **파주 따봉만** 파주시 파주읍 통일로 1604-26 | 010-3016-3540 | cafe.naver.com/ddabongcamping

- **파주 반디캠프** 파주시 광탄면 기산로 207 ㅣ 031-941-2121 ㅣ cafe.naver.com/ksm8558k
- **파주 하마캠핑장** 파주시 적성면 국사로 297 ㅣ 010-6225-8264 ㅣ cafe.naver.com/hamacamping
- **포천 각흘계곡캠핑장** 포천시 이동면 금강로 6439 ㅣ 010-3343-4381 ㅣ kh-camp.com
- **포천 광릉솔개캠핑장** 포천시 소흘읍 광릉수목원로779번길 120 ㅣ 031-544-1260 ㅣ kscamping.co.kr
- **포천 달빛애견글램핑** 포천시 일동면 사기막길 67-6 ㅣ 010-9030-3294
- **포천 도마치캠핑장** 포천시 이동면 화동로 2318-6 ㅣ 010-2900-6101 ㅣ 도마치캠핑장.com
- **포천 유식물원캠핑장** 포천시 신북면 간자동길 138-100 ㅣ 031-536-9922 ㅣ www.yoogarden.com
- **포천 자일랜드** 포천시 영북면 호국로4350번길 154-187 ㅣ 070-7760-0393 ㅣ www.jailland.com
- **포천 포시즌스오토캠핑장** 포천시 신북면 탑신로 1259-68 ㅣ 010-5302-7746
- **화성 백미리희망캠핑장** 화성시 서신면 백미길 210-15 ㅣ 010-8082-8989 ㅣ hopecamping.co.kr

강원권

- **강릉 대관령자연휴양림** 강릉시 성산면 삼포암길 133 ㅣ 033-641-9990 ㅣ www.foresttrip.go.kr
- **강릉 소금강자동차야영장** 강릉시 연곡면 소금강길 449 ㅣ 033-661-4161 ㅣ www.knps.or.kr
- **고성 송지호오토캠핑장** 고성군 죽왕면 동해대로 6090 ㅣ 033-681-5244 ㅣ camping.gwgs.go.kr
- **동해 망상오토캠핑리조트** 동해시 동해대로 6370 ㅣ 033-539-3600 ㅣ www.campingkorea.or.kr
- **삼척 엘림캠핑장** 삼척시 근덕면 내평길 233-13 ㅣ 010-8954-9004 ㅣ secamp.modoo.at
- **속초 설악동야영장** 속초시 청봉로 25 ㅣ 033-801-0903 ㅣ www.knps.or.kr
- **양양 갈천오토캠핑장** 양양군 서면 구룡령로 1103-12 ㅣ 033-673-4041 ㅣ cafe.naver.com/galchunauto
- **양양 미천골자연휴양림** 양양군 서면 미천골길 115 ㅣ 033-673-1806 ㅣ www.foresttrip.go.kr
- **양양 바다캠프장** 양양군 손양면 동명로 321-14 ㅣ 033-672-3386 ㅣ badacamp.com
- **양양 솔밭가족캠프촌** 양양군 손양면 송평길 38 ㅣ 010-3420-4372 ㅣ www.solbatcamp.com
- **영월 동강오토캠핑장** 영월군 영월읍 동글바위길 33 ㅣ 010-8936-0237
- **영월 리버힐즈오토캠핑장** 영월군 무릉도원면 도원운학로 1043 ㅣ 033-374-7900 ㅣ riverhills.kr
- **영월 별마로빌리지** 영월군 김삿갓면 영월동로 1954-40 ㅣ 010-3008-6408 ㅣ www.starmaro.com
- **영월 솔밭캠프장** 영월군 무릉도원면 무릉법흥로 740 ㅣ 033-374-9659 ㅣ www.solbatcamp.co.kr
- **영월 캠프** 영월군 무릉도원면 무릉법흥로 1208-56 ㅣ 010-8672-4542 ㅣ cafe.naver.com/ywcamp
- **원주 구룡자동차야영장** 원주시 소초면 학곡리 920 ㅣ 033-732-4635 ㅣ www.knps.or.kr
- **원주 치악산자연휴양림** 원주시 판부면 휴양림길 66 ㅣ 033-762-8288 ㅣ www.foresttrip.go.kr
- **정선 가리왕산자연휴양림** 정선군 정선읍 가리왕산로 707 ㅣ 033-562-5833 ㅣ www.foresttrip.go.kr
- **춘천 집다리골자연휴양림** 춘천시 사북면 화악지암1길 129 ㅣ 033-248-6716 ㅣ www.foresttrip.go.kr
- **평창 계방산오토캠핑장** 평창군 용평면 이승복생가길160 ㅣ 033-339-9016
- **평창 솔섬오토캠핑장** 평창군 봉평면 수림대길 57-5 ㅣ 010-5178-1657 ㅣ www.solsum.com
- **평창 아트인아일랜드** 평창군 봉평면 봉평북로 193-28 ㅣ 010-3005-6315 ㅣ www.irispension.co.kr
- **홍천 공작산계곡오토캠핑장** 홍천군 화촌면 당무로 547 ㅣ 033-433-2227
- **홍천 밤벌오토캠핑장** 홍천군 서면 팔봉산로 936 ㅣ 033-434-8971 ㅣ www.밤벌오토캠핑장.com
- **홍천 삼봉자연휴양림** 홍천군 내면 삼봉휴양길 276 ㅣ 033-435-8536 ㅣ www.foresttrip.go.kr
- **홍천 알프스밸리** 홍천군 화촌면 구룡령로 1016-29 ㅣ 010-7574-0333 ㅣ alpsvalley.co.kr
- **횡성 병지방오토캠핑장** 횡성군 갑천면 어답산로 516 ㅣ 033-343-7639 ㅣ 병지방오토캠핑장.kr

충청권

- 괴산 자연애캠핑장 괴산군 괴산읍 능촌로5길 95 ㅣ 043-833-1147 ㅣ jay1149.cafe24.com
- 괴산 조령산자연휴양림 괴산군 연풍면 새재로 1700 ㅣ 043-833-799 ㅣ www.foresttrip.go.kr
- 괴산 코오롱스포츠캠핑파크 괴산군 청천면 대야로 487 ㅣ 043-834-1973 ㅣ www.koloncamping.com
- 괴산 화양동야영장 괴산군 청천면 화양로 733-38 ㅣ 043-830-3456 ㅣ hwayangcamp.com
- 금산 남이자연휴양림 금산군 남이면 느티골길 200 ㅣ 041-753-5706 ㅣ www.foresttrip.go.kr
- 단양 다리안관광지야영장 단양군 단양읍 천동4길 8 ㅣ 043-422-6710 ㅣ darian.dariantour.co.kr
- 단양 소백산국립공원남천야영장 단양군 영춘면 남천계곡로 381-7 ㅣ 043-421-0721
- 단양 소선암오토캠핑장 단양군 단성면 선암계곡로 1656 ㅣ 043-423-0599
- 단양 소선암자연휴양림 단양군 단성면 대잠2길 15 ㅣ 043-422-7839 ㅣ www.foresttrip.go.kr
- 보은 속리산사내리야영장 보은군 속리산면 법주사로 248-46 ㅣ 043-544-5453 ㅣ sanaeri.modoo.at
- 서천 희리산해송자연휴양림 서천군 종천면 희리산길 206 ㅣ 041-953-2230 ㅣ www.foresttrip.go.kr
- 세종 금강자연휴양림 금남면 산림박물관길 110 ㅣ 041-635-7400 ㅣ www.foresttrip.go.kr
- 영동 민주지산자연휴양림 영동군 용화면 휴양림길 60 ㅣ 043-740-3437 ㅣ yd21.go.kr/portal
- 영동 송호국민관광지캠핑장 영동군 양산면 송호리 280 ㅣ 043-740-3228
- 옥천 장령산자연휴양림 옥천군 군서면 장령산로 519 ㅣ 043-733-9615 ㅣ www.foresttrip.go.kr
- 제천 닷돈재야영장 제천시 한수면 송계리 70-2 ㅣ 043-653-3250 ㅣ www.knps.or.kr
- 제천 덕동골오토캠핑장 제천시 백운면 덕동로2길 23-26 ㅣ 010-4315-6978 ㅣ www.ddcamp.com
- 제천 덕주야영장 제천시 한수면 미륵송계로 1360 ㅣ 043-653-3250
- 제천 박달재자연휴양림 제천시 백운면 금봉로 223 ㅣ 043-652-0910 ㅣ www.foresttrip.go.kr
- 청주 문암생태공원캠핑장 청주시 흥덕구 무심서로 1097 ㅣ 043-271-0780 ㅣ munam.cheongju.go.kr
- 청주 옥화자연휴양림 청주시 상당구 미원면 운암옥화길 140 ㅣ 043-270-7384 ㅣ www.foresttrip.go.kr
- 충주 밤벌오토캠핑장 충주시 앙성면 모점1길 229 ㅣ 070-8098-7111 ㅣ www.bambyul.co.kr
- 충주호 캠핑월드 충주시 동량면 호반로 696-1 ㅣ 010-4406-0012 ㅣ 충주호캠핑월드.net
- 태안 곰섬캠핑장 태안군 남면 곰섬로 500-17 ㅣ 010-3438-0909 ㅣ www.gomsem.co.kr
- 태안 학암포자동차야영장 태안군 원북면 옥파로 1152-37 ㅣ 070-7601-4033 ㅣ reservation.knps.or.kr

호남권

- 김제 금산사야영장 김제시 금산면 금산리 112 ㅣ 063-548-4441 ㅣ www.geumsansa.org
- 남원 달궁자동차야영장 남원시 산내면 덕동리 289 ㅣ 063-625-8911
- 남원 흥부골자연휴양림 남원시 인월면 구인월길 125 ㅣ 063-636-4032 ㅣ www.foresttrip.go.kr
- 무안 파도목장캠핑장 무안군 현경면 해운리 926 ㅣ 061-453-6193
- 무안 황토갯벌랜드캠핑장 무안군 해제면 만송로 36 ㅣ 061-450-5632 ㅣ getbol.muan.go.kr
- 무주 덕유대오토캠핑장 무주군 설천면 백련사길 2 ㅣ 063-322-3173 ㅣ www.knps.or.kr
- 무주 덕유산자연휴양림 무주군 무풍면 구천동로 530-62 ㅣ 063-322-1097 ㅣ www.foresttrip.go.kr
- 부안 고사포야영장 부안군 변산면 운산리 441-11 ㅣ 063-582-7835
- 순창 섬진강마실휴양단지 순창군 적성면 강경길 76-165 ㅣ 0507-1356-6785 ㅣ blog.naver.com/happyinki1
- 순창 회문산자연휴양림 순창군 구림면 안심길 214 ㅣ 063-653-4779 ㅣ www.foresttrip.go.kr

- **완주 계곡1번지** 완주군 운주면 고당리 493 | 010-3955-0677 | www.valley1.co.kr
- **완주 고산자연휴양림** 완주군 고산면 고산휴양림로 246 | 063-263-8680 | www.foresttrip.go.kr
- **완주 래미안밸리캠핑장** 완주군 운주면 금고당로 617 | 010-5269-3241 | cafe.naver.com/remiancamp
- **완주 운주계곡캠핑장** 완주군 운주면 금고당로1210-7 | 010-5424-7355 | ejcamping.kr
- **익산 웅포관광지캠핑장** 익산시 웅포면 강변로 25 | 063-862-1578 | camping.iksan.go.kr
- **장수 방화동자연휴양림** 장수군 번암면 방화동로 778 | 063-350-2474 | www.foresttrip.go.kr
- **장수 와룡자연휴양림** 장수군 천천면 비룡로 632 | 063-350-2477 | www.foresttrip.go.kr
- **정읍 내장야영장** 정읍시 내장산로 800 | 063-538-7875 | reservation.knps.or.kr
- **진안 운일암반일암** 진안군 주천면 동상주천로 1716 | 063-433-9205
- **진안 운장산자연휴양림** 진안군 정천면 휴양길 77 | 063-432-1193 | www.foresttrip.go.kr

영남권

- **경주 토함산자연휴양림** 경주시 양북면 불국로 1208-45 | 054-750-8700 | www.foresttrip.go.kr
- **고성 남산공원오토캠핑장** 고성군 고성읍 공룡로 3165 | 070-4152-5255 | www.gscamping.com
- **구미 옥성자연휴양림** 구미시 옥성면 휴양림길 150 | 054-480-2080 | gumiokseong.foresttrip.go.kr
- **대구 비슬산자연휴양림** 달성군 유가읍 용리 산10 | 053-659-4400 | www.dssiseol.or.kr
- **문경 녹색오토캠핑장** 문경시 가은읍 대야로 1560 | 070-7333-7344 | www.greenautocamp.com
- **문경 불정자연휴양림** 문경시 불정길 180 | 054-552-9443 | www.mgtpcr.or.kr
- **산청 삼장다목적캠핑장** 산청군 삼장면 친환경로 409-28 | 010-5745-3030 | www.samjangcamping.com
- **상주 성주봉자연휴양림** 상주시 은척면 성주봉로 3 | 054-541-6512 | www.foresttrip.go.kr
- **안동 계명산자연휴양림** 안동시 길안면 고란길 207-99 | 054-850-4700 | www.foresttrip.go.kr
- **영덕 영덕군해맞이캠핑장** 영덕군 영덕읍 해맞이길 254-69 | 054-730-6337 | stay.yd.go.kr/camping
- **영덕 칠보산자연휴양림** 영덕군 병곡면 칠보산길 587 | 054-732-1607 | www.foresttrip.go.kr
- **울산 간월산자연휴양림** 울주군 상북면 작괘로 607-15 | 052-262-3771 | www.gwhuyang.co.kr
- **울산 더캠프** 울주군 상북면 삽재로 420 | 010-7400-1358 | cafe.naver.com/theautocamping
- **울산 신불산폭포자연휴양림** 울주군 상북면 청수골길 175 | 052-254-2124 | www.foresttrip.go.kr
- **의성 빙계계곡오토캠핑장** 의성군 춘산면 빙계리 896
- **청도 배너미오토캠핑장** 청도군 운문면 운문로 1051 | 010-6568-3969 | www.bcamp.kr
- **청도 운문산자연휴양림** 청도군 운문면 운문로 763 | 054-373-1327 | www.foresttrip.go.kr
- **청송 오토캠핑장** 청송군 부남면 얼음골로 690 | 010-8587-4007 | cscamping.co.kr
- **포항 그린오토캠핑장** 포항시 남구 호미곶면 호미로 1178 | 0507-1342-7696 | greenautocamp.co.kr
- **하동 평사리공원오토캠핑장** 하동군 악양면 평사리 섬진강대로 3145-1 | 055-883-9004

제주도

- **서귀포 돈내코야영장** 서귀포시 돈내코로 114 | 064-733-1584
- **서귀포 모구리야영장** 서귀포시 성산읍 서성일로 260 | 064-760-3408
- **서귀포 자연휴양림** 서귀포시 영실로 226 | 064-738-4544 | healing.seogwipo.go.kr
- **제주 관음사지구야영장** 제주시 산록북로 588 | 064-756-9950

오늘부터 차박캠핑

2021년 10월 5일 개정판 1쇄 발행
2021년 12월 5일 개정판 2쇄 발행

지은이   홍유진
발행인   윤호권 · 박헌용
본부장   김경섭
책임편집 홍은선
발행처   (주)시공사
출판등록 1989년 5월 10일(제3-248호)

주소   서울시 성동구 상원1길 22 7층(우편번호 04779)
전화   편집 02-2046-2897 · 마케팅 02-2046-2800
팩스   편집 · 마케팅 02-585-1755
홈페이지 www.sigongsa.com

ⓒ 홍유진 2021

ISBN   979-11-6579-711-9(13980)